乡镇餐饮建筑设计

吉燕宁　葛述苹　张宇翔　编著

中国建筑工业出版社

图书在版编目（CIP）数据

乡镇餐饮建筑设计 / 吉燕宁，葛述苹，张宇翔编著
. —北京：中国建筑工业出版社，2023.12
ISBN 978-7-112-29249-3

Ⅰ. ①乡… Ⅱ. ①吉… ②葛… ③张… Ⅲ. ①农村住
宅—饮食业—服务建筑—建筑设计 Ⅳ. ①TU247.3

中国国家版本馆 CIP 数据核字（2023）第 184159 号

责任编辑：费海玲　张幼平
文字编辑：汪箫仪
责任校对：王　烨

乡镇餐饮建筑设计
吉燕宁　葛述苹　张宇翔　编著

*

中国建筑工业出版社出版、发行（北京海淀三里河路 9 号）
各地新华书店、建筑书店经销
北京红光制版公司制版
北京中科印刷有限公司印刷

*

开本：787 毫米×1092 毫米　1/16　印张：14¼　字数：344 千字
2024 年 3 月第一版　　2024 年 3 月第一次印刷
定价：**58.00** 元
ISBN 978-7-112-29249-3
（41961）

前　　言

　　餐饮建筑是常见的建筑类型，在乡村振兴大背景下，乡镇餐饮建筑也不断地涌现在我国各个乡镇当中。今天，人们对乡镇餐饮建筑的要求不仅是满足物质需求层面，还更注重精神层面的需求。人们不仅需要舒适的就餐环境，更需要回归自然，餐饮建筑设计结合乡镇特色，体现乡土风情，使人获得更多精神享受。

　　本书主要针对应用型本科院校建筑学专业学生的学习要求编写，可作为建筑学专业的教学参考书，也可供从事建筑设计行业的人士及培训人员参考。本书对乡镇建筑设计相关内容进行解析，分别从餐饮建筑设计总述、乡镇餐饮建筑设计、设计教学过程解析、设计过程优化及总结四个方面进行详细阐述。其中实例解析部分选取了乡镇餐饮建筑具有代表性的田园式建筑、旅游文化类建筑、观光体验类建筑、旧改类建筑四个方向进行教学过程解析。

　　在此，要感谢写作团队、学校及出版社在本书出版过程中付出的辛勤劳动及给予的大力支持，同时也希望读者能把不同的意见反馈给我们，以便再版时借鉴、补充、修改，以便进一步提高本书质量。

目　　录

第一章　餐饮建筑设计总述 ·· 001
  1.1　饮食文化与餐饮建筑发展新格局 ······················ 002
    1.1.1　餐饮建筑设计原有格局 ·························· 002
    1.1.2　乡镇餐饮建筑发展新动向 ························ 003
  1.2　餐饮建筑历史 ·· 004
    1.2.1　时间维度解析 ································· 004
    1.2.2　规划维度解析 ································· 006
    1.2.3　文化维度解析 ································· 006
    1.2.4　功能维度解析 ································· 007
  1.3　乡镇餐饮建筑设计 ···································· 009
    1.3.1　设计规范标准 ································· 009
    1.3.2　空间结构 ··································· 009
    1.3.3　设计策略 ··································· 010
  1.4　小结 ·· 012
第二章　乡镇餐饮建筑设计 ·· 014
  2.1　产生背景 ··· 015
    2.1.1　餐饮的地位 ·································· 015
    2.1.2　乡镇餐饮的内容诠释 ···························· 016
    2.1.3　乡镇餐饮与乡镇餐饮建筑 ······················· 017
    2.1.4　乡镇餐饮建筑的营建背景 ······················· 017
  2.2　建筑特点 ··· 019
    2.2.1　地域文化特点 ································· 019
    2.2.2　自然文化特点 ································· 020
    2.2.3　时代文化特点 ································· 020
    2.2.4　分类特点 ··································· 021
    2.2.5　功能构成特点 ································· 023
    2.2.6　流线组织特点 ································· 024
  2.3　设计要点 ··· 024
    2.3.1　用餐区域 ··································· 024
    2.3.2　厨房区域 ··································· 033
    2.3.3　公共区域 ··································· 037
    2.3.4　辅助区域 ··································· 045

2.3.5 室内空间 ·· 049

2.3.6 造型、环境及其他 ································· 063

第三章 设计教学过程解析 ····································· 068

3.1 田园式建筑设计教学过程解析 ······················ 069

3.1.1 田园式建筑设计基本概念及任务书解读 ··········· 069

3.1.2 田园式建筑设计调研 ························· 077

3.1.3 田园式建筑设计过程 ························· 084

3.2 旅游文化类建筑设计教学过程解析 ················· 099

3.2.1 旅游文化类建筑设计基本概念及任务书解读 ······· 099

3.2.2 旅游文化类建筑设计调研 ····················· 104

3.2.3 旅游文化类建筑设计过程 ····················· 107

3.2.4 旅游文化类建筑设计小结 ····················· 126

3.3 观光体验类建筑设计教学过程解析 ················· 127

3.3.1 观光体验类建筑设计基本概念及任务书解读 ······· 127

3.3.2 观光体验类建筑设计调研 ····················· 128

3.3.3 观光体验类建筑设计过程 ····················· 129

3.3.4 观光体验类建筑设计小结 ····················· 160

3.4 旧改类建筑设计教学过程解析 ······················ 160

3.4.1 旧改类建筑设计基本概念及任务书解读 ··········· 160

3.4.2 旧改类建筑设计调研 ························· 166

3.4.3 旧改类建筑设计过程 ························· 176

3.4.4 旧改类建筑设计小结 ························· 200

第四章 设计过程优化及总结 ································· 201

4.1 设计过程优化 ···································· 202

4.1.1 BIM——更新设计思维 ····················· 202

4.1.2 BIM 正向设计与优化 ······················· 203

4.1.3 小结 ····································· 209

4.2 绿色建筑思维 ···································· 210

4.2.1 碳达峰与碳中和背景下的建筑设计 ············· 210

4.2.2 绿色建筑设计要点 ························· 210

4.2.3 乡镇餐饮建筑与绿色建筑设计 ················· 212

4.2.4 将绿色建筑理念引入建筑设计中 ··············· 213

4.3 总结 ·· 214

4.3.1 设计过程优化的背景及意义 ··················· 215

4.3.2 设计过程优化的目标与原则 ··················· 216

4.3.3 设计过程优化的展望 ························· 218

参考文献 ··· 220

第一章
餐饮建筑设计总述

■ 1.1 饮食文化与餐饮建筑发展新格局
■ 1.2 餐饮建筑历史
■ 1.3 乡镇餐饮建筑设计
■ 1.4 小结

2022 年 2 月 22 日，中央一号文件《中共中央 国务院关于做好 2022 年全面推进乡村振兴重点工作的意见》发布，提出了乡村振兴战略。随着我国乡村振兴事业的推进，建筑作为人类活动的物质载体，也在悄然发生变革。要想架设一座桥梁把乡镇的绿水青山呈现在大众面前，基础设施和配套建筑必不可少。衣食住行中的"食"便是其中非常重要的一个因素。乡镇是我国最基层的行政机构，连接着城市与乡村，在国家社会经济发展中起着重要作用。餐饮建筑在城市内到乡镇中应该有哪些变化？是简单地把城市中的功能属性搬运到乡镇吗？答案一定是否定的。那么，面对我国南北方巨大的气候差异和地域文化差异，乡镇餐饮建筑应该如何组织和营造呢？这都是需要我们去思考的问题。

1.1　饮食文化与餐饮建筑发展新格局

1.1.1　餐饮建筑设计原有格局

任何类型建筑的发展均是由于追随人类活动的踪迹。餐饮建筑的设计要点离不开人类社会生活就餐习惯的改变。在此之前很长的一段时间，我国乡镇由于更加关注土地本身的农产价值，发展模式比较单一。在乡镇餐饮建筑设计发展的初级阶段，除了"农家乐"自发性餐饮形式，鲜有能提供完整符合城市餐饮管理体系标准的餐饮服务。原有乡镇餐饮建筑具有以下四点不足：

1. 发展模式单一，缺乏独具匠心的理念

建筑设计有极强的地域性特征。不同建筑在不同的气候、文化影响下会呈现出不同的形态，使用的材料也不一样。独具匠心的理念是一个项目的灵魂。它虽不能带来直接的经济效益，却决定了项目可持续发展的前景。但是目前来看，多数村庄并没有找到适合自己的品牌理念，导致发展无序，产业特点不鲜明，因此很难吸引游客导致发展缓慢。

2. 缺乏本土化特点

我国乡镇具有复杂的地域、气候条件，不同的乡镇有不同的空间内涵，因此乡镇餐饮建筑设计应符合当地民俗和饮食文化特征，正如"南甜北咸、东辣西酸"，这些食材不同的烹饪方法和饮食习惯，都让乡镇餐饮带有很强的地域属性，但以往的乡镇餐饮建筑显然没有考虑这一地域性特点。

3. 生态宜居意识淡薄

以"农家乐"为主体的餐饮模式在乡镇普遍存在，但其自然的发展模式，可以看作是餐饮建筑在乡镇发展的初级阶段。这一阶段，由于其自然生长的模式，没有考虑生态环境和低碳环保的理念，因此很难建立一种人与自然、城市和谐的生态环境，也就不可能实现可持续发展。

4. 就餐环境单一

乡镇餐饮建筑在发展初期，只关注就餐功能，没有融入乡镇特色、人文环境。作为存在于乡野中的餐饮建筑，既要为文旅、游客服务，还要保护延续文脉，不能脱离乡镇生活语境。

1.1.2　乡镇餐饮建筑发展新动向

在乡镇振兴的大背景下，"农旅双链"是现代农业、产业、商业的重要合作模式，以旅游开发吸引人气，农民跳出"农家乐"的局限，走出车间、工厂，利用乡镇优势发展新经济。当旅游的发展将农产品引入城市后，农业产业成为农民生财的第二条主渠道，农产品加工业正式成为当地的支柱产业之一。同时特色农业的发展反过来也能够推动旅游业的发展，从而实现旅游、现代农业两种产业相互促进和共同发展的联动效应。旅游业在乡镇的发展离不开配套建筑的服务，乡镇餐饮建筑就是其配套建筑中必不可少的类型之一。我国现代餐饮建筑从早期的国有饭店逐渐发展成为多样化的模式，在目前的产业格局发展下又呈现出新的动态。

1. 消费观念的转变

随着人民生活水平的提高，人们在餐饮上的消费观念逐渐从"吃饱"转化为享受生活、休闲交流，从城市中的快餐店到商场中的大众餐饮，餐饮建筑空间模式随之发生了一定的变化。

乡镇餐饮建筑随着人们回归乡野应运而生。中国饮食文化本身就有悠久绵长的历史，其中涉猎诸多方面，如中国传统的阴阳五行哲学观点就裹挟在餐饮文化当中；中医养生不仅以食材的相生相克为主脉络，更有药食同源的中医理论作依托，所以我国的饮食文化中"药膳"也由来已久。内构尚且如此复杂，加之外展，可以从时代与技法、地域与经济、民族与宗教、食品与食具、消费与层次、民俗与功能等多种因素糅合到一起来分析它的形成。可见中国饮食文化博大精深并非矫揉吹捧，而是客观评价。中国传统的乡镇特性不是人为赋予的，而是在一种生产体系中产生的。在精耕细作的生产过程中创造的经典乡镇图景，慢慢发展成为大众的审美记忆，但这些绝不是刻意营造出来的。

2. 餐饮模式的转变

继"美丽乡镇""特色小镇"之后，"乡镇振兴"再次引发了一场新的乡建热潮。然而，从建筑学层面出发，如何美化和振兴乡镇并做出特色，对于建筑师而言却是一个无法简单回答的问题。这取决于每个建筑师对乡镇的理解和对当下社会的思考，同时也取决于项目背后的运营方式。随着时代的进步，经济的迅猛发展，人们对传统饮食文化也有了更多的派生和延伸。精神领域的更多需求，将餐饮功能的维度变得更加丰富和立体。为了符合这些内在需求，餐饮建筑势必要随之调整和发展。

3. 就餐环境更新

就餐环境作为乡镇餐饮的重要表现形式，其对特色餐饮的开发有着重要影响。它是拉近人与自然，让游客在身心放松的条件下，充分享用美食的关键。近年来，具有乡镇特色的餐饮主题不断兴起，这种融入乡镇特色建筑、人文环境或地域环境的用餐环境，受到游客们的普遍好评。

打造美食"博物馆"。比如，有着"美食驿站"之称的陕西袁家村，根据其地理优势，将关中文化融入地方美食打造，形成集关中作坊、关中小吃、关中杂耍等于一身的民俗街、美食"博物馆"，让游客们在品尝乡镇特色美食的同时，感受油坊、面坊、豆腐坊、醪糟坊、醋坊共同组成的旧时老味道。

　　提供食客花园。乡镇意境是带有浓重的乡土气息、田园风光，这些融合自然界中的植物、动物、山水等元素，营造出淳朴、天然的氛围，正是游客所追寻的。因此，在为游客提供乡镇美食的同时，独辟一块场地供游客种植或者展示餐饮食材出处、生长过程，这不仅能突出食材特色，也能提高游客们重游率、复购率等。

1.2　餐饮建筑历史

　　乡镇餐饮建筑形式的演变受众多因素的影响，究其原因是地域性文化和主流价值观交织并与其他外来文化融合导致的。餐饮建筑的发展要与华夏饮食文化的演变相对应，也是餐饮文化发展的组成部分。

1.2.1　时间维度解析

1. 古代

　　从餐饮建筑的演变和发展来看，最早的雏形，并不能称为建筑，而是没有围合结构的露天"摊床"。时至今日，在农村或者乡镇的集市上仍能看到以这种形式存在的餐饮。从春秋至隋唐，在城市规划范畴中出现了新的概念，居住功能聚集的叫"里"，商业功能聚集的叫"坊"，主要是为了方便管理。在众多的"坊"中也出现了餐饮建筑聚集的情况，从而形成"食坊"。虽如此，封建社会统治者为了加强管理施行宵禁政策，餐饮建筑的发展也仅限于此。直到宋代，随着社会及商业的发展，市场需求导致"食坊"连点成线，餐饮建筑出现沿街布置的形态。

　　中国古代餐饮建筑大多与住宿结合，出现了"前店后居""下店上居"的多种形式，也就是客栈，包含几种略有差别的类型。其中大约有两种类型属于官方住宿设施。一种是，驿站。专门接待信使、公务人员和民间的旅行者。从商代中期到清光绪二十二年止，驿站长存三千余年，这是中国最古老的旅店。另一种是，早期的迎宾馆。迎宾馆主要是用来接待古代中华各族的代表和外国使者。它也就成为古代民族交往和中外往来的窗口。反映出当时政治、经济和文化交流的盛况。

　　除此之外，民间旅店和早期城市客店也会自发的形成和发展。古人对旅途中休憩食宿处所的泛称是"客栈"，又称为"逆旅"，最早出现于西周时期。到了战国时期，民间旅店在发达的商业交通推动下，发展为遍布全国的大规模的旅店业。由于朝代的更迭和社会的发展，中国封建社会也出现了超级大都市。民间旅店在隋唐时开始较多出现在城市里面，但是真正开始兴旺发达是在北宋时期。宋朝一共有四个都城，东京开封府（今河南开封）、南京应天府（今河南商丘）、西京河南府（今河南洛阳）、杭州临安府（今浙江杭州）。这些地区出现了大量的民间旅馆，是政治经济形成中心之后的产物，原发并且大量的馆驿都出现在乡镇。

　　"便于旅客投宿"是我国早期旅馆重要的建馆思想。除了坐落在城市的一定地区以外，还坐落在交通要道和商旅往来的码头附近。这种吃住一体的建筑式样和布局因地而异，具有浓厚的地方色彩。

除了这种食住同体的驿站形式，独立的餐饮酒楼也发展迅速。这得益于从晚唐开始宵禁制度的逐步放松，而宋朝几乎完全废止，所以宋朝时期的餐饮建筑才得到了空前的发展。此类建筑中装饰及构件和功能划分也严重受到等级制度的影响。其建筑风格和样式一直沿用至元代。明清时期虽又重新施行宵禁政策，但也无法阻止商业的蓬勃发展带动餐饮建筑的大发展。饮食街也呈现出规模化、品牌化的特点，如成都锦里、宽窄巷子等。同时，也出现了餐饮娱乐一体化的新模式，餐饮建筑不仅要建造娱乐设施，还要满足餐饮功能的需求。如一层布置戏台，二层布置雅座，这也成为我们传统文化的历史积淀的一部分。

2. 近代

1840年第一次鸦片战争以后，随着一系列不平等条约的签订，西方列强纷纷侵入中国，导致了西式饭店的出现，同时也出现了中西结合式饭店。中西结合式饭店不仅在建筑上趋于西化，在设备设施、服务项目、经营体制和经营方式上亦受到西式饭店影响，高档菜肴等应有尽有。饮食上对内除了中餐以外，还以供应西餐为时尚。

这一时期城市餐饮建筑得到了融合式、冲击式的发展。在建筑外观上，照搬西洋建筑样式使其具有西式建筑特点和东方审美杂糅的风格。饮食街上出现了西餐馆、料理店与传统酒楼同框的局面。餐饮建筑的服务空间逐渐加大，以迎合菜式多样化的需求。而乡镇的餐饮逐渐落寞，建筑形式也无从发展，维持客栈模式，仍以家庭式服务为主，就地取材，自给自足。

3. 现代

20世纪60、70年代也是餐饮行业发展的特殊时期。随着新中国的成立，在百废待兴的年代，国有饭店的诞生成为一代人的回忆。菜品单一，肉副食品都限量供应，建筑还以单层或二层为主，立面风格还保留当时残垣断壁的痕迹。内部多为大厅，鲜有独立包房。而乡镇餐饮建筑仍为发展的停滞状态。

随着改革开放的深入，餐饮建筑总体呈现出多元化、大众化、个性化的发展趋势。人们更加注重餐饮建筑空间环境的营造，主题鲜明、特色突出，对建筑的体验性也越来越重视。在建筑形式上，继承传统建筑象征性和隐喻性的同时，又结合了现代技术、材料和表现工艺，展现出一定的时代性。乡镇餐饮也随着日益提高的生活质量逐渐回到了人们的视野中。近些年，厌倦了快节奏生活的都市人，追求放松的慢生活方式，对绿色无污染的乡野食材更为感兴趣，推动了乡镇餐饮的复苏，也将这种餐饮形式引进了城市，以便随时能够享用。这种被移植到城市的乡镇餐饮从建筑结构和功能划分都与其他餐饮类型无较大差异，多以地区特色或土特产为主经营，室内设计选取地域文化符号进行主体设计。例如东北地区，源于清朝文化，也遗存大量的满族和锡伯族民居，所以乡镇餐饮建筑的内部大多设炕和大火灶，食材也都取自当地，蔬菜、河鱼河虾、稻米、河蟹等。

真正意义上的乡镇餐饮建筑，坐落在风景优美或者具有特殊旅游资源的地方，常为民宿的一部分，或者农家乐。也有一部分形成建筑群体，有规划设计，以度假山庄的形式出现。建筑常依据地域特色进行改造，或有少数民族聚居的历史，符合当地居民的生活习惯和审美情趣。

图 1-1　就餐区
（图片来源：作者自摄）

图 1-2　火灶
（图片来源：作者自摄）

图 1-3　沈阳市杨城寨锡伯古镇（一）
（图片来源：作者自摄）

图 1-4　沈阳市杨城寨锡伯古镇（二）
（图片来源：作者自摄）

1.2.2　规划维度解析

人们往往着眼于一种建筑类型的内部构造，忽视外部联系，而内部构造的设置与外部联系是因果关系。思考乡镇餐饮建筑存在的空间，农耕聚落、建筑群落、街巷空间，这些都是相对宏观的规划范畴。研究它的存在，要从孕育它产生的环境开始分析。如农耕聚落，一般是以宗族为单位，生活习俗的统一，血脉宗亲的关系，使得资源得以共享，可自给自足。在聚落环境下的餐饮及餐饮建筑，势必符合聚居民族的文化背景、饮食习惯、伦理认知。街巷狭窄的空间是建筑群落中的构成要素。散落在建筑群落中的餐饮建筑和沿街的商业建筑，在乡镇自发形成的商业集散地中，起到了餐饮服务的主力作用。

1.2.3　文化维度解析

从历史的角度看，中国社会的演变基于两种生活形态，一种是农耕方式，另一种是游牧方式。两种形态自然诞出两种文化类型，也就是农耕文化和游牧文化。农耕文明的形成是在安土重迁、勤力农亩的精神导航下塑造成形的。重在与大自然互相依存、互促发展的和谐理念，通过耕种获取食物，先付出再收获。而游牧文化的主旨是向大自然索取，水草丰足的地方就是游牧民族短暂居住的所在，事实上两种文明内在根源差距较大。而我国大部分地区以农耕方式为主，在这种文化背景下的社会经济文化等各领域的发展都以农耕文明为指导。长期以来的封建社会对王权的尊崇导致建筑对气势恢宏、壮丽华贵的宫殿样式青睐有加，当然也包括在商业模式下运转的餐饮建筑。受儒家学说的影响，餐饮文化的主题始终以"人"为中心，崇尚风雅意境、文人气质，在不断发展中形成了中式风格，直至当下演变成新中式风格，仍然推崇这样的审美意趣。

我国东北三省及河北、内蒙古等地区都有满族聚居，导致乡镇餐饮建筑相当一部分由满族民居改造，具有满族的文化特点。以耕种为主业狩猎为辅的定居是满族的生活方式。常听到的"满蒙"指的是满族和蒙古族，事实上满族跟汉人的基因非常类似，与蒙古族没有血缘关系。在封建社会后期的清朝，由于统治者是满人，为了加强对汉人统治，与骁勇善战的蒙古游牧民族联姻和亲，以示盟友关系。满族对中国传统的餐饮文化有巨大贡献，经典的宫廷菜式"满汉全席"是中式菜肴中不可或缺的重要组成。

1.2.4　功能维度解析

从功能模块组合的角度看，餐饮建筑又分成单纯餐饮服务类型和能提供餐饮和住宿的酒店服务类型。

1. 吃住分离

随着信息时代的到来，加速了整个人类社会的运转速度，多元化的信息交叉也催生更多新型的餐饮服务形式及与之适应的餐饮建筑类型。归纳大致分为以下几种，也常出现特色鲜明，适应某种特定环境的新形态。

1）快餐型

随着社会的发展，近些年快餐也出现在乡镇餐饮的队伍里。快餐文化最早出现在20世纪的美国。美国工业机械化程度高，社会生产和人们的生活节奏快，出现快餐不足为奇。标准化的加工流程和半成品原料的加入，使得食品烹饪的时间大大缩短，同时节省了大量人力。与之适应的建筑类型有独立的，也有依托于其他商业的，但都以大型标准机械化厨房和宽松的物流运输通道，以及干净整洁、色彩艳丽的堂食大厅为特点。

2）饮品型

近些年，饮品型的餐饮形式呈现野蛮生长的态势。人们生活水平的提高对于饮品的需求已转化成文化休闲、商务洽谈、特色产品及象征意义的需求。传统形式有咖啡店、酒吧、茶楼等承载饮料本身文化传承意义的专营店。也有推崇健康生态的水果饮料店，常与冷饮类合并经营，也出现了快餐化的模式。各式冷饮有时配有简餐，产品纷繁。在乡镇餐饮类型中还处于初级阶段。更为特殊产品类型，如巧克力文化店，象征爱情和甜蜜的巧克力经过几百年的精进工艺，得到了世界各地发烧友的追捧。还有一些啤酒屋将啤酒的部分酿造过程展示出来，增加消费体验获取知识。

3）演出、活动及会议

这种餐饮形式常见于文旅项目中，位置大多在远离城市有旅游资源依托的乡镇。可设置大型的文艺演出，介绍民族文化和风土人情。小型的可承办婚礼婚宴或者大型会议用餐服务。这就要求餐饮建筑同时满足餐饮和剧场或多功能厅的功能配置。

4）风味店

我国幅员辽阔，各地区的文化底蕴深厚和地域特色鲜明，且少数民族众多，自然会形成具有当地特色的美食。围绕特色美食的加工、制作、食用方式、运营特色、民俗习俗等，餐饮建筑的设计中也有相应的调整。

2. 吃住合一

1）商务型酒店

商务型酒店多位于城市中心，因为客户群体针对性较强，以商务和公务为目的，所以便捷、快速、舒适、整洁是其明显的特点。内部设施依照商务性强的特点，会议室、洽谈室、商务中心、宽带网络等办公设施齐备，服务完善。随着城乡差距缩小、界限模糊，乡镇中也出现商务类型的酒店。乡镇自发形成的中心，可能成为卫星城市的胚胎。商务型酒店在餐饮服务的特点上也体现出快捷、卫生。菜品常组合成套餐，满足营养均衡，符合商务礼仪的特色。

2）度假型酒店

多出现在乡镇，客户群体以度假休闲、娱乐健身等为主要需求，人们生活水平的提高导致对生活品质要求相应提高。假期旅游也成为放松休息和家庭活动的重要内容。这类酒店一般位于各种旅游名胜景点和休养胜地旁，大多都远离市区，自然、生态环境优美的乡镇是这类酒店项目的选址目标。餐饮服务自然要突出当地的特色，与当地物产相关，烹饪也要精致，不仅在口感上满足味蕾，在视觉上也需要呈现美丽的画面。这要求餐饮建筑功能复合，以适应各种形式的餐饮活动。

3）主题型酒店

这种类型酒店最好依托于一定的旅游资源。无依托的单纯经营需要全方位的设施建设或植入文旅项目，将项目本身打造成人文景观，如世界各地的迪士尼等大型游乐场或德国的 V8 汽车主题酒店，足以让汽车发烧友们热血沸腾。此类型酒店以一种特定的文化特质为素材，这个素材局限于某一种特定的文化，如以历史、海洋、公园、爱情、女性甚至同性恋等，也可以寻找特定的文旅活动，如钓鱼、赛艇、赛马、滑雪等。其最大特点是一切都要围绕主题展开，从而营造出一种无法模仿和复制的独特魅力与个性特征。这种类型酒店的餐饮并不是消费者注意力锁定的目标，以符合酒店主题的设置为宜。比如以女性为主题的酒店，餐饮以健康美容、养生减肥为特点。资源特色鲜明的主题酒店建筑还要配合此主题组织下的大型活动。

4）体验型酒店

何为体验？英文中的体验有阅历、经历、经验的意思。可以嫁接在一个主题上，丹麦的 FOX 酒店就是以童话为主题，其中设计了 61 间以不同童话故事为场景的套房，消费者可以转换角色带入情境，尝试不同于自身的人物角色。但也有人说体验就是商家设置的大卖场。所有的物品是展示陈列也是体验试用，所以它们同时也是支持销售的商品。这种类型酒店对场地选址的要求只需要遵从体验内容，无论城市还是乡镇，适应其内容就是最好的。在餐饮服务上也与主题酒店类似，适应体验内容，选择适合的方式，满足聚集、演示、表演、会议等多功能需求的餐饮设施是这类酒店餐饮功能设计的关键。

1.3　乡镇餐饮建筑设计

1.3.1　设计规范标准

由于乡镇餐饮类建筑与城市餐饮建筑发展较晚，目前为止，没有针对乡镇餐饮建筑设计专门的规范。乡镇餐饮建筑的设计还是要基于城市餐饮类建筑的规范去设计。如《饮食建筑设计标准》（JGJ 64—2017）、《餐饮企业的等级划分和评定》（GB/T 13391—2009），但是这些规范针对的主要是城市餐饮类建筑。乡镇餐饮建筑无论从规模和服务模式都与城市餐饮建筑有诸多差异。

《餐饮企业的等级划分和评定》中把餐饮企业共分为五个等级，即一钻级、二钻级、三钻级、四钻级、五钻级（含白金五钻级）。以钻石为餐饮企业的等级标识：一颗钻石表示一钻级、二颗钻石表示二钻级、三颗钻石表示三钻级、四颗钻石表示四钻级、五颗钻石表示五钻级（白金五钻以颜色不同来区分）。钻石的颗数越多，表示餐饮企业的级别越高。

通过调研得知，乡镇餐饮建筑一种是农民自营的农家乐形式，还有一种是与民宿紧密结合的模式，但是规模都比较小，乡镇餐饮建筑不仅要参考这种形式去评定，还需结合每个村庄自身的具体情况斟酌处理。乡镇的魅力在于"一村一貌"这种有别于城市的特征。以沈阳中寺村清境民宿为例，建筑规模为3层独立式建筑，共计4间客房，可容纳15人同时住宿，就餐空间在一层，可容纳15人同时就餐。对比规范中的服务人数和规模，显然乡镇餐饮建筑的等级比较低，但不意味着小就是档次低。小规模、低密度是乡镇餐饮建筑的特性之一。

1.3.2　空间结构

乡镇餐饮建筑的特征决定了其特有的空间结构，可以说是"麻雀虽小五脏俱全"。在乡镇，餐饮建筑的顾客流量与城市内的餐饮建筑相比较少，时间也比较集中。假日里，城市的商场中餐饮店内人流鼎沸的场面在乡镇很少见到，因此不会衍生出相应规模的餐饮建筑。乡镇餐饮建筑的主要空间模式分为两种：一种是依托乡野公园或风景区独立经营的餐饮建筑，可称为独立式餐饮建筑；另一种是与民宿相结合的餐饮建筑。

1. 独立式乡镇餐饮建筑

独立式餐饮建筑一般依托于一定的客流量，如在乡镇上的餐饮建筑，或是依托于乡野公园的餐饮建筑。位于沈阳市单家村稻梦空间附近的稻梦小镇内便有两家专门经营餐饮的独立式餐饮建筑。其空间模式为前院—餐厅—厨房，其建筑风格与附近民居相近，利用原有建筑改建而成。

2. 与民宿结合的餐饮建筑

与民宿结合的餐饮建筑空间结构相对简单，是作为从属旅馆类建筑的餐厅存在的。沈阳市中寺村清境民宿正是这样的空间结构。餐饮空间作为整个民宿中一个活跃空间，在整个民宿建筑中有着不可小觑的作用，不同房间的客人在此会有互动的可能性。清境民宿的，餐厅位于建筑首层，这样便于各楼层可以集中就餐也方便对外提供就餐服务。

图 1-5　沈阳市中寺村清境民宿

（图片来源：作者自摄）

1.3.3　设计策略

从以上乡镇餐饮建筑的空间结构来看，乡镇餐饮建筑的设计策略归纳为以下几点：

1. 建筑设计定"魂"

乡镇的特点是一村一貌，因此每座乡镇餐饮建筑要根据这个村庄的特色进行设计，这样才能作为吸引客源的招牌存在。建筑设计定"魂"是指在设计之初要充分调研村庄的文化背景、村庄产业、基地环境及特色，根据村庄自身特征划分好建筑设计基调。例如有的村庄具有旅游资源紧邻风景区，有的村镇依靠特色产业吸引城市人群。例如沈阳市单家村稻梦小镇，利用稻田营造特色产业，吸引城市人群到此游玩，从而助力乡镇发展。不同的村庄孕育不同的村镇历史文化，餐饮建筑的设计应充分考虑这些因素，以确定餐饮建筑风格与之匹配。

传统的农耕生产体系已经不再是这些乡镇赖以生存的基础：有些乡镇由于工业化转型而充斥着各种随意搭建的厂房，各种低等级的螺丝厂、缝纫厂、面粉厂被廉价的蓝色彩钢瓦或年久失修的阳光板覆盖；有些则是由极度的实用主义带来乡镇风格上的转变，各种颜色的琉璃瓦、带有时代印记的马赛克墙面、红绿配的水磨石、蓝色或绿色的玻璃窗等；还有最便于建造的砖混结构混合着各种轻钢窝棚、因贪图面积和高度而导致尺度变形的农民房、时不时出现的"欧式"别墅……不一而足。这些拼贴式的图像成为当代乡镇的普遍特征。同时，传统社会中相对封闭自治的乡镇，在当代语境中成为城市劳动力输出的主要源头，人口的流动和技术的进步给乡镇带来了开放性和不稳定性。

在此背景下，建筑学理应致力于为乡镇带来长久、稳定发展的力量，这就需要在主体结构、材料使用和构造手段上做到真实与节制。直面现实的"乡镇粗野主义"——无论是否使用这个词语，都不是要回避、遗忘或掩盖乡镇的问题和历史，而是要用建筑学的手段创造贴切的，但又不同于传统审美的当代乡镇图景。史密森夫妇（Alison & Peter Smithson）所提出的重要的建筑学启示：粗野主义建筑绝非追求粗糙，而是一种对于建造要求和设计智性更高的追求，这往往对施工方有着更高的要求。

以沈阳市中寺村的清境民宿为例，项目采用与民宿结合的方式，新建建筑与采用清水混凝土的粗犷风格、与周围的民居及山石环境相得益彰。同时，设计构成手法与相邻民居又形成了鲜明对比。

图 1-6　沈阳市中寺村的清境民宿
（图片来源：作者自摄）

2. 设计体现地域性特征

任何建筑都不是脱离环境孤立存在的，因此建筑设计一定要体现出所在地域的特征，特别是乡镇餐饮建筑，就更应体现其设计地域性。因为人们在千城一面的城市生活久了，到乡镇来就是想要体味"儿时感觉"，或是迎接满眼绿意，再或者看看几年不曾下过的大雪，总之是要找到"不同"。地域性是最能满足人们这些需求的，南方人冬天来北方看雪，北方人冬季去南方避寒恰恰说明了这一点。那么作为本地的乡镇餐饮建筑就首先要找到能够体现地域性的设计要点。建筑材料是给人最直接地域性感受的表现方法。木质或砖砌的围墙、长满锈迹的大门、稻田旁边的茅草屋，这些都是地域性建筑的表现手法。

3. 设计中建筑材料的选择

在当下流行的乡镇建筑中，如何表达混凝土的肌理质感是一个普遍的审美问题。在高规格的建筑中，清水混凝土是最好的品质保证。然而，需要高价购买的材料配比、整个施工过程的严格监理、原材料产地的追踪控制，使得清水混凝土成为大多数乡镇建筑项目中没有条件采用的高配产品。因此，很多建筑师会选用带有肌理的原木板作为模板材料，试图用模板的肌理和拼缝实现一种高品质的表面呈现。但事实上，这种小模板的价格在当下的市场上远远高于标准的普通模板。而且在很多情况下，为了施工方便和完成度，建筑师会要求把小模板预先钉在大块模板上，这就使得模板的用量几乎翻倍，而最终暴露出来的模板痕迹，其实是一种相对昂贵的装饰，这就是为什么看上去应该廉价的混凝土建筑的造价经常高于想象。

以这种"节制"作为设计的准绳，当代设计和"什么便宜用什么"的乡建底层逻辑似乎就不相矛盾。无论是曾经风靡乡镇的红缸砖、马赛克，还是水磨石，其实都代表了那个时代最高的性价比。而在当代美化乡镇的过程中，也随处可见与传统乡镇面貌相悖的木贴皮、阳光板、穿孔铝板或铝合金格栅，因为这些是更容易获取、更便宜的材料。背后的资本逻辑要求建筑师更加智慧地使用和表现普通材料，而不是强行使用审美想象中的材料。在长漾里稻田餐厅的设计中，设计团队在公共区域大量使用了廉价的红缸砖和绿色水磨石，靠顶面大面积的灰色压住了跳跃的红绿色。同时，在村上湖舍、陈溪乡便民中心和长漾里稻田餐厅中，都使用了白色彩钢瓦。预算条件也只允许使用这一材料，而不是锰镁铝板等价格更高的材料。因此，设计试图通过檐口的收边去创造一种笔直的、精确的视觉效果，而把彩钢瓦轻薄廉价的质感掩藏在坚挺的檐口之后，这反而让其白色的抽象效果得以呈现，使建筑获得了一种整体感。

4. 平面布局的规划

通过对北方乡镇餐饮建筑的调研，乡镇餐饮建筑按照修建形式分为新建建筑和改建建筑。乡镇中的新建建筑基本是与民宿结合的形式，改建建筑是基于原有建筑的主体结构进行室内外的装饰装修。这两种模式由于访问乡镇的人流流量具有即时性，即节假日或休息日才会有大量人流到访。为保证餐馆的持续运营，村庄内的餐饮建筑往往都依托于住宿。这样餐饮建筑与民宿就形成了一个相对其他现存民居体量较大的建筑，一般为2~3层。

乡镇餐饮建筑与都市餐饮建筑可以说从功能组成上类似，麻雀虽小五脏俱全，餐饮建筑的功能流线由于空间的限制，做了简化和合并。在新建的民宿中的餐饮建筑一般作为公共空间存在，如沈阳中寺村的清境民宿，就把餐饮部分放在3层建筑的首层中，一张大长桌连接门厅和厨房，紧邻内院。这样的布局也是考虑到使用频率和整体风格。

5. 室内装饰设计

乡镇餐饮建筑的风格由外而内，表里如一，外立面的风格与室内的硬装、软装都应该整体协调。因为在很大程度上，建筑的外形只是给人们一种标识感，作为识别这栋建筑的标志。而人们真正的使用空间是内部。但是作为建筑学的学生，无论从学习阶段还是工作实践中，往往把设计的主要精力投入建筑土建营造中，从而忽视了内部装饰对人的心理带来的重要作用。常常把方案设计与室内环境的营造有意无意地分割开，忽略了室内设计。

1.4 小 结

对于乡镇餐饮建筑，人们常常感到十分熟悉亲切，但事实上并没有真正了解，以至于行业也没有具体的现行规范。本章主要针对乡镇餐饮的特殊性，在总体的餐饮建筑发展轨迹和相关规范中，剥离出乡镇餐饮建筑的相关部分，梳理总体的发展动向、发展演变过程以及相关行业规范。

随着生活水平和成本的不断提高，时间成本的价值越来越大。这种快节奏的生活方式让人们更加渴望轻松的气氛和原汁原味的乡野生活，也更向往跟现实生活完全脱离的非同质的假期体验。城市的不断扩大，也将在其中生活的人推向了更远的乡镇。这是社会发展带来的市场需求，乡镇中的文旅项目以及乡镇的餐饮服务都存在市场饥饿感。这也是本书研究总结乡镇餐饮建筑的必要性。

乡镇餐饮建筑的发展与演变，究其历史可谓年代久远。伴随人类的出现就存在与饮食相关的场所，但不见得称之为"建筑"。称谓不同，功能却一致。从春秋时期出现"食坊"概念之后，中国的历史上真正出现了跟现代饭店形式一致的餐饮建筑。随着社会的进一步发展，这种食坊也聚集在同一区域经营，沿街开设形成了现在所说的"美食街"。但是我国古代长期处在封建统治之下，餐饮行业及餐饮建筑都不同程度受到制约。到了明清后期，尽管封建桎梏仍然严峻，但也无法阻止自发的商业行为蓬勃发展，餐饮建筑也随商业繁荣得到快速发展。到了近代，中国受到了西方列强的侵略，包括文化的冲击。东西方文化差距较大，这种冲击在某种程度上起到了融合的作用。中国出现了国际化的大都市。融合式的发展使得中西式杂糅的样式很多，无论从菜式、服务还有建筑上，都产生了一系列的特殊发展。也将现代化酒店模式的种子撒在了中国。但此时的乡镇餐饮建筑仍保持原来的模式，甚至在战争期间遭到一定的破坏。现代的餐饮建筑发展分为两个阶段，新中国成立之初的特殊时期和改革开放之后的大发展。新中国成立初期，百废待兴。物资极度匮乏，粮食供应尚且不能满足，更无法谈及餐饮业的发展，自然餐饮建筑也无从发展。改革开放之后，经济的迅猛增长，让富起来的中国社会对各方面的要求都进阶式增长，乡镇餐饮业才又回到了大众的视野中心。与之相符的建筑设计是整个产业形成的基础设施，显得尤为重要，这也是提升服务品质，增强消费体验的重要手段。

建筑设计的前期条件是规划设计，从乡镇餐饮建筑设计的角度看规划维度，要考虑以宗族为单位的农耕聚落。这种靠血脉联系聚居在一起的建筑群往往会形成一定的旅游资源，有鲜明的民族特色、传统美食、民族特有的节日庆典，都符合植入商业运行取得丰厚收益的条件，所以餐饮建筑散落其中是必要的且有极大价值的。中国历史上由少数民族统治的朝代只有元朝和清朝。元朝的统治者蒙古族是游牧民族，入主中原之后曾试图把农田变为牧场，恪守自己的文化和制度，王朝寿命几十年，没有文化融合是其灭亡的主要原因。而清朝是由满族人建立的政权，满族事实上就是以定居的农耕方式生活，满人入关之后便逐渐汉化，学习了很多汉人的礼制和知识，建立了著名的八旗制度。可见农耕文化是中华民族根源性的文化背景，当然也会派生出相应的饮食文化。

从功能角度看，餐饮建筑包括乡镇餐饮建筑可以分为几种类型。快餐型，饮品型，演出、活动及会议型，以及风味店。这是单纯提供餐饮服务型的几种类型。另有在乡镇逐渐兴起、逐步完善的吃住合一的餐饮服务类型：商务型、度假型、主题型和体验型。这些服务类型都有相应建筑空间组合的最佳及特色方案，是研究乡镇餐饮建筑的广阔领域。

第二章

乡镇餐饮建筑设计

■ 2.1　产生背景
■ 2.2　建筑特点
■ 2.3　设计要点

2.1 产　生　背　景

党的十九大报告中提出实施乡村振兴战略，要以产业兴旺为重点、生态宜居为关键、乡风文明为保障、治理有效为基础、生活富裕为根本，建立健全城乡融合发展体制机制和政策体系，加快推进农业农村现代化。"乡村振兴"要求的提出，旨在通过提高乡镇的经济、政治、文化，完善乡镇建筑及基础设施配置的基础上，建设"产业兴旺、生态宜居、乡风文明、治理有效、生活富裕"的美丽新乡镇。乡镇旅游是乡村振兴战略实施中的支撑产业，游客选择旅游目的地考虑的因素主要为风景的吸引力、交通的便利性、游客好评率、住宿的舒适度和餐食的美誉度等方面。在旅游五大要素食、住、行、游、娱中食排在了首位，部分游客甚至仅仅因美食而选择旅游目的地。由此可见乡镇餐饮服务的建设与发展的重要性，而乡镇餐饮建筑的营建则是其中一个重要因素。

2.1.1　餐饮的地位

饮食是人们日常生活的重要构成部分，是国计民生中第一件大事。饮食是一门很大的学问，对于食物烹饪的重视和考究及人们对于饮食的观念，是表现一个国家文化素养和文明的象征。中华民族的饮食、食物加工技艺、与饮食有关的美学思想、饮食器具的使用和饮食的习俗、风尚等共同构成了中国饮食文化。

中国饮食文化是中国传统文化的重要组成部分，是中华民族宝贵的文化遗产。中国传统文化在数千年里一直走在世界前列，它所树立的一座座丰碑，至今仍令世人敬仰。然而，15、16世纪以来，随着世界形势的变化，中国文化的领先地位开始逐渐失去，而中国饮食文化不断走向世界。

伟大的革命家孙中山先生在《建国方略》中指出："中国近代文明进化，事事皆落人后，唯饮食一道之进步，至今尚为文明各国所不及。中国所发明之食物，固大盛于欧美。而中国烹调法之精良，又非欧美所可并驾……昔日中西未通市以前，西人只知烹调一道，法国为世界之冠。及一尝中国之味，莫不以中国为冠矣。"如今在世界各地，众多华人在海外聚居，华人开的中餐馆深受国外人士的喜爱，成为中外文化交流的一个重要渠道。与此相伴的是，欧美等海外华人多以餐馆业为谋生第一职业。资料显示，英国华人经营餐饮业的占50%以上。仅有一万多华人的中美洲国家哥斯达黎加，其首都中心便开了80多家中餐馆。

中国饮食文化还是中国旅游资源的重要组成部分。饮食文化旅游是一种较高层次的旅游活动，指饮食文化与旅游活动相结合，以了解饮食文化和品尝美食为主要内容，其重心在"文化"。由于人们对"美"的理解和认识千差万别，因此，在乡镇旅游民族餐饮建设过程中，乡村要善于寻找自身的特色，并且展示自身的特色，体现出地域性、民族性和风味性，给来往游客留下深刻印象，带动经济发展。

2.1.2 乡镇餐饮的内容诠释

1. 乡镇餐饮内涵

现在的人们一提起乡镇，就会浮现出一种"采菊东篱下，悠然见南山"的对大自然广阔空间的想象，伴随这种想象的还有"绿色食品"、原汁原味的乡野清香风味菜品等。乡镇餐饮包括农作物种植、原材料搭配、烹饪器具制作、烹饪方法考究、餐桌礼仪以及与传统节日相对应的餐饮品种选择等内容。"靠山吃山，靠水吃水""就地取材，就地施烹"，这是乡镇餐饮文化的主要特色。乡镇菜晨取午烹，夕采晚调，取材方便，鲜美异常。

乡镇餐饮的核心在于原真风格，其最大的特色是：朴实无华，就地取材，不过于修饰，体现其乡土味，淡饭蔬食，聊以自慰。乡镇餐饮的主体是乡土菜，不讲究过多的刀切加工，而是以质朴的外形和实惠著称。菜肴处理一般较为粗犷，造型以大块或整只的居多，呈现出乡土菜原真的"土"味。如广大农村传统的六大碗、八大碗等，多以整只、大块的鸡、鱼、肉、蛋为主。即便常食用的南瓜、山芋、芋头、玉米棒以及南瓜藤、山芋藤、南瓜花等，也多以大块、长条的形式出现，体现其粗犷、味真、乡土之气息。传统的农家烧饭用柴火或秸秆，同样是炒肉片、蒸馒头、炖排骨、烙大饼，尽管形状粗犷，但从那口大锅里端出来的食物，吃起来格外香，真正体现了乡土菜浓浓的原真风格。

从文化资源的角度看，乡镇餐饮还是传统文化的重要载体。当日常饮食与传统节日结合在一起时，乡镇餐饮文化就有了新的文化内涵与价值指向，例如除夕的"年夜饭"、端午节的"吃粽子"、中秋节的"团圆饭"、秋分时节的"抢秋膘"等。

2. 乡镇餐饮与文化旅游

随着乡村振兴战略的深入实施，在乡镇旅游发展的良好势头下，乡镇餐饮也迎来了历史性发展机遇期。在休闲游、度假游、康养游成为趋势的今天，乡镇餐饮服务内容发生了很大变化，从满足基本生理需求发展为要满足"色香味"的精神需求，其间包括对于"色"的审美需求、对于"鲜"的健康需求，以及对于"独特味道"的心理需求。一些地方特色、乡土美食受到越来越多旅游者的青睐，甚至成为某些地区乡镇旅游核心吸引力之一。我国是一个多民族的国家，幅员辽阔，崇山大川纵横遍布，自古交通不便。一山相隔，有声音之殊；一水相望，有习俗之异。这就造成了虽然同属乡镇菜品，各地菜品风格却有很大不同，从原料的特性、加工处理、烹调方法到菜肴风味，呈现着明显的地域差异性。一方水土造就一方独特的风格，每个地区的乡土原料都具有本土文化的特色。不同的地理环境、物产资源和气候条件，有着不同的饮食习俗，反映着乡镇菜品的地域性特点。

与其他类型餐饮产品相比，乡镇餐饮的独特魅力体现在四个方面，即绿色、乡土、传统、地道。在生活富足的今天，人们对美食的需求不仅是基本的生理需求，更注重的是有故事、有品位。游客之所以喜爱乡野土菜，很大一部分是基于对不同文化体验的向往。江河湖海地区的乡镇，鱼、虾、参、贝等水产资源多；位于山地的村庄，山珍野味举手可得；广大平原乡镇，拥有以各种菜蔬、杂粮、养殖的动物原料作为肴馔的物质基础；草原牧区，牛羊成群，食物主要来源于陆地动物，牛羊肉、奶制品就成为乡野村民的主要食品。

2.1.3 乡镇餐饮与乡镇餐饮建筑

建筑是文化的反映。早在远古时期，餐饮文化与建筑设计就存在一定的内在联系，在人工取火后，人类开始学会建造房屋。尽管制造工艺很粗糙，但对这方面的探索和设计自那时便已开始。长久以来，文化对建筑建设所具有的独特的引导作用始终存在。随着人类文明步伐的前进，建筑的发展步伐一直紧追不舍。历数人类各个时期，文化始终引导着建筑的发展与建造，而建筑对文化的传承与发展也起着重要的承载作用。

1. 餐饮与餐饮建筑的关系

人类的生存与发展离不开衣食住行的支撑。在文明的发展中，人们创造出了丰富的饮食文化，建筑的原始功能是为人们提供一个能够安身的场所，而伴随着时代的逐步发展，当下建筑还扮演一个提供给人们进行各种交流的综合场所。饮食文化作为地域文化中的非物质文化要素，对餐饮建筑的设计产生了至关重要的影响。借助建筑的支撑，人们获得了更多的空间，并借助空间完成了一系列的生产生活以及社交、科研的活动，正是建筑为人们乃至整个人类社会提供了生存与发展的平台，使人们的科技、经济、社会等诸多领域能够取得持续的发展成果。成功的餐饮建筑在满足其使用功能的同时，更重要的是体现其鲜明的地域特征和文化内涵。

2. 乡镇饮食文化及其建筑体现

中国饮食文化旅游资源在美学上的表现主要在六个方面：烹饪技艺美、就餐环境美、饮食器具美、饮食礼仪美、诗文美、菜名美。其中就餐环境被排在了仅次于烹饪技艺的位置上。除了满足"色香味"的"尝鲜"需求之外，就餐环境对乡镇旅游就餐感受的影响比重正不断加大。所谓就餐环境主要体现在餐饮建筑上，要保证就餐环境美，就必须重视餐饮建筑的营建。乡镇餐饮建筑是承接乡镇饮食文化的重要载体，是为就餐客人服务的直接现场。其设计装潢、功能布局、装修装饰风格所体现的文化主题和内涵，应与其经营的菜品相协调、匹配。乡镇旅游追求的是"乡间生活""回归自然"，所以游客到乡镇餐厅就餐并不只注重菜品质量，还十分重视精神体验，乡镇旅游的吸引力就在于此。游客希望在鸟语花香、花草环绕的乡镇景观中品尝地道美食，与乡镇文化和谐统一的就餐环境会使客人心情愉快。另外，中国饮食文化讲究就餐环境清静、优雅、舒适，这重要表现在餐厅的设计及装饰上。与乡镇饮食文化相匹配的，造型优美、选材讲究、色调和谐的建筑能使客人产生美的心理感受，产生各种丰富的联想，留下深刻的印象。

2.1.4 乡镇餐饮建筑的营建背景

乡镇餐饮环境打造与城市餐饮环境有很大的不同。乡镇餐饮强调的不是"高端、豪华"，而是"地域特征、文化属性、审美功能"的展现。乡镇餐饮建筑的营建需要遵循这一背景。

1. 地域特征

我国国土幅员辽阔，很多地方具有较大的气候差异，各地乡镇更是具有复杂的地域、气候条件，不同的乡镇有不同的空间内涵，导致不同地方人们的生活习惯、饮食风格有非常明显的差异。不同的省份、地区以及沿江、沿海地区的人们形成了各自的、彼此迥异的饮食习惯。饮食习惯不同导致饮食风格差异明显，在烹调的过程中使用的方法和材料全不相同，乡镇餐饮具有很强的地域性。

不同的饮食习惯对于各地餐饮建筑的发展而言，影响作用也是非常强的，不同地域的餐饮建筑常常承载着不同的餐饮文化。现在这种差异性中，诞生了乡镇旅游特色餐饮的吸引力。就我国北方乡镇而言，餐饮建筑设计应优先考虑建筑物的保温性能，可采用围合形式的空间。在建筑设计建造时，一些乡镇餐厅加入北方独有的炕这种独特"餐桌"。或在大厅的某处设计出火炕的形式，或设置具有特色的火炕包房，这样便在满足保温需求的同时，增加了游客用餐的情调。在我国南方，同样也是由于地理以及气候等多个方面的原因，在建筑设计时突出强调通风，因此也就需要设计一些更为宽敞的餐饮空间。另外，一些乡镇餐厅倾向于将一些当地的独特文化符号设计其中，在确定主题后，运用空间的结构、形态符号、情景符号、照明形态、色彩对比、材料与肌理等手法营造主题氛围，彰显当地地域文化，触动游客深层情感，通过体现独有的地域格调使游客感受到一种地地道道的地域饮食文化。比如不少江南乡镇餐饮，都引入了那种"日落而息，鱼羹稻米"的乡镇情韵。

2. 文化属性

在我国，历来讲究天人合一，对于餐饮也就不仅是重视美味佳肴，更是在饮食当中加入了丰富的哲理思想。饮食文化的精神内涵在中国历史悠久的传统文化中具有特殊位置，我国由于地理环境、气候的差异，不同的地区带有其自身独特的饮食食材，而各地生产力、文化的差距又给各地的饮食文化带来了较大的影响，造就了各地独有的饮食文化。游客对于饮食文化精神体验的关注度是仅次于菜品质量的，乡镇餐饮文化的重点在于乡土气息，而餐饮建筑则是餐饮文化的重要载体。从这一角度出发，乡镇餐饮建筑在创作过程中无疑要重视对乡土气息的展现。其营造的就餐环境的关键是拉近人与自然，让游客在身心放松的条件下，充分享用美食。具体来说，需要将具有当地特征的文化景观和时代精神融入建筑的气质、形态和空间中，进而展现在乡镇这一特定文化环境和地域环境中。近年来，随着乡镇特色餐饮主题不断兴起，这种融入乡镇特色建筑、人文环境的用餐环境，受到了游客们的普遍好评。

3. 审美功能

我国饮食文化最突出的就是对美的向往，这个美不仅是代表着食物的口感、外形，还讲究用餐的器具以及环境，能够在就餐的过程中实现身心的两重欢畅之感。在乡镇旅游特色餐饮中，烹饪工作者及服务人员往往身着特殊的民族服饰，且当地的就餐环境也要体现出地域文化，需要很多地域独特形式的装饰，而这些也都融入了餐饮建筑的营建。一般来说，很多历史文化悠久的乡镇餐饮建筑倾向于采用我国古代传统的建筑形式，并加以一些特有色彩，借助传统的文化符号，利用现代的设计手法以及建筑用材构造出独具中华古风格调的现代餐饮建筑。室内设计空间布局时，常常会使用木质镂空隔断；在装饰品上多选择国画或传统工艺品；建材多选择深色调木材，精雕细琢，运用材料的既有色彩，辅以青砖、琉璃瓦等，以此表现出建筑的质感。此外，对于餐饮建筑整体的朝向、厨房以及楼梯、卫生间的位置设定等，也会结合我国传统的堪舆学说进行独特设计。餐饮建筑与美食、餐具、服饰同为餐饮文化要素，共同为乡镇旅游者提供视觉、听觉、嗅觉、触觉等方面的盛宴，使其获得精神和物质上的双重满足。

2.2　建　筑　特　点

2.2.1　地域文化特点

随着经济的发展，人们的物质生活越来越丰富，在此基础上，文化生活作为一种精神意识形态，也变得多姿多彩。在全球一体化的趋势下，人们越来越注重对文化多元性的保护。这反映在建筑领域，就是在设计中越来越注重对建筑地域性的表达。"地域性"根植于"文化性"，是特定地域地理、历史、人文等方面在文化性上的表达，是文化多元性的组成部分。我国疆域辽阔，民族众多，这些都为文化多元性发展创造了必不可少的条件，在此基础之上，又体现出一定的历史继承性和地域性。

地域文化是特定文化内涵的表现形式，是漫长历史积淀和时间积累的结果，是凝结在人们脑中，具有一定稳定性的价值判断标准。它影响着社会生活的各个层面，如生产生活方式层面、社会风俗习惯层面、思想道德价值观念层面、文化艺术修养层面等。地域文化在特定地域内形成，受特定地域内文化的影响，具有稳定性、丰富性、历史传承性等特征。地域环境（如地质地貌、气候水文、风俗习惯等）是地域文化形成的先决条件。地域文化是在特定的环境基础上形成的特定意识形态，跟地域环境有着密不可分的联系。其次，地域文化的形成还需要一定的人文环境。最后，地域文化只有在传承中才能得到保存和发展。时代在发展，社会在进步，将地域文化融入时代发展中，在时代发展中体现地域性，才更有助于地域文化的承古创新。

李允鉌在《华夏意匠》中指出："建筑不仅仅是人类全部文化的一个组成部分，而且是全部文化的高度集中，每一个民族都有自己的文化，产生和反映这种文化的建筑艺术。"不同地区的餐饮建筑有着不同的文化特征，并通过不同的设计特点展现出来。

乡镇餐饮类建筑具有鲜明的地域文化特性，内容和形式有明显的地域特色，存在民族差异、气候环境差异、地理区位差异、生活习俗差异，从而造成了乡土餐饮建筑在空间布局、建造工艺、色彩造型、结构形式等方面的不同，形成了丰富多彩的地域性文化色彩和历史积淀，给人以不同的就餐体会。乡镇餐饮建筑成为乡镇最基础的文化载体。

在设计中，地域文化与餐饮建筑是相辅相成的。地域文化可以为餐饮建筑设计提供深厚的文化底蕴；反过来，优秀的餐饮建筑设计也可增强人们对地域文化的认同感与归属感。地域文化可通过特定设计语言的提取和特定设计手法的应用在餐饮建筑设计中呈现出来。优秀的餐饮建筑设计要从地域文化出发，形成一些简练的地域语言，将地域的自然环境和人文习惯充分考虑到设计之中。中国餐饮建筑表现多样化主要是因为餐饮文化的差异，设计中考虑餐饮文化的同时，要重视其功能的合理性，在设计上注重美食与美学的交汇融合，借助空间的形态意蕴之美来提高其饮食风格的辨别度。

自然环境和建筑材料的多样性，促使餐饮建筑派生出多种多样的建筑风格和形态。

幽静的青砖灰瓦民居、雍容大气的皇家宫殿、绿意盎然的江南庭院，组成了华夏建筑的一个个文化符号。在餐饮建筑的设计中，设计者结合现代材料的特性和全新的技术手段来体现建筑时代性的同时，又很好地将传统文化符号融入其中，营造出具有中华饮食文化特色的现代餐饮建筑，人们在享受中华美食的同时，也感受着建筑文化的熏陶。

著名建筑大师贝聿铭先生曾经说过："现代建筑必须源于他们的历史根源，就好比是一棵树，必须起源于土壤之中，互传花粉需要时间，直到被本土环境所接受。"乡镇餐饮建筑的设计也不例外。将优秀的地域文化元素注入餐饮建筑设计中，有助于乡镇餐饮建筑展现特色，提高艺术审美与文化品格。

尊重传统文化和当地的乡土农业知识，使用当地的传统材料和建筑技术，提炼及合理运用农业、乡土元素，吸收当地的建造经验，考虑当地的建筑形式、建筑风格和乡土文化给予的启示，反映当地的自然和建筑环境，使建筑作品与当地自然环境相协调。例如盘锦东风湖农业园，其农家院的设计采用了土墙瓦房，房前的院子采用大块青石铺路，路两旁种植各类蔬菜，以石磨、水井、篱笆等小品来点缀，农家氛围浓郁，让游客拥有代入感，体验纯粹的农家环境。

2.2.2　自然文化特点

与城市相比，乡镇的自然环境有以下四个方面特征：

1）村民的日常生活和生产保障主要由自然环境提供。大多数乡镇地区直接以地表水（河流、湖泊）或地下井水为生活生产用水来源，主要生产资料也源于自然土地。因此乡镇自然环境对村民至关重要，自然环境的污染和破坏对村民的日常生活和生产将产生巨大的影响。

2）乡镇的地面覆盖以土为主，村庄内部、部分田间路和大面积的农田林地均为裸露土，因此建筑和场地的面层材质宜选用便于清洁、耐脏的材质，应避免过度的硬化和耐久性差的城市建造方式。

3）乡镇地区的物种多样性远高于城市，在进行场地的绿化景观设计时优先选择地方植物。

4）对自然景观的态度存在城乡差异。相比于城市居民，村民长期的田间工作，绿色植物对村民的吸引力低于城市，村民更关注于自然景观是否具有生产价值和易清洁的特征，落叶树和易滋生蚊虫的树种常被村民排斥。在乡镇建设中，建筑师应理解村民的价值取向，在保护当地原有景观地貌的同时引导村民认识村庄自然景观的价值。

2.2.3　时代文化特点

《辞源》一书中对乡镇的定义是："主要从事农业、人口分布较城镇分散的地方"[10]。以美国学者R•D•罗德菲尔德为代表的学者指出"乡镇是人口稀少、比较隔绝，以农业生产为主要经济基础"[11]的地区。当前我国乡村地区的功能、形态正在不断地变化着，但是对于城乡之间的地域划分，国内仍没有稳定的、恰当的标准。大多学者认为乡镇是与城市地区相对的概念，严格来讲，其指的是城镇规划区之外的人类聚居的区域，是社会和空间地域的综合体，这一区域的范围呈现着动态的变化，并且在城市化水平不断提高的过程中逐渐缩小。

以"产业兴旺、生态宜居、乡风文明、治理有效、生活富裕"为方针，通过对乡镇政治、文化、经济、社会等各个方面的建设，将落后的乡镇地区建设成"环境优美、设施完善、经济繁荣、文明和谐"的美丽乡镇。其中，生态宜居是乡镇振兴的关键，它直接关系到乡镇的吸引力和村民的生活水平。在当前乡镇发展的过程中，由于村民缺少对乡镇环境、传统建筑、习俗文化的保护意识，改造资金匮乏而导致乡镇破损的建筑无人修缮、传统文化无人保护、村民生活条件落后等问题不断出现。但与此同时，乡镇地区良好的生态环境、独特的乡镇文化是其最大的优势和最为宝贵的财富，为人们的观光旅游、体会乡镇文化提供了良好的基础。因此，在改造的过程中，应以"生态宜居"为乡村的改造目标，在尊重自然的基础上，通过打造宜人的自然风光及独特的建筑景观，为人们提供舒适的观光、体验的场所，从而推动乡镇地区的振兴。

乡镇居民以农业经济为主，具有生产、生活基本需求，从而产生功能划分趋同的特点，使乡镇餐饮建筑功能具有生产和生活的双重需求，普遍具有家庭生活和进行农副业生产的双重需要，衍生出农家乐、民宿等产业。我国是农业大国，长久以来乡镇建设一直是全局发展的短板，随着新时代乡镇产业从第一产业向第二、三产业转型并融合，乡镇的传统布局规划和建筑设计形式已与"数字化乡镇""现代化乡镇"等方向产生割裂。因此乡镇餐饮类建筑将具有数字化、现代化、与乡镇产业融合一致发展的特性。

2.2.4　分类特点

乡镇是我国最基层的行政机构，在农村乃至整个国家经济社会发展中发挥着基础性作用，它是党和政府联系人民群众的纽带。近年来，我国不断地加快推进城镇化建设，使乡镇建筑发生了翻天覆地的变化。乡镇餐饮建筑也体现出新的形式和发展趋势。

乡镇餐饮建筑是指即时加工制作、供应食品并为消费者提供就餐空间的乡镇公共建筑。餐饮建筑按照经营方式、饮食制作方式及服务特点可分为餐馆、快餐店、饮品店、食堂等建筑类型。乡镇餐饮建筑多为餐馆类型，餐馆是接待消费者就餐或宴请宾客的营业性场所，为消费者提供各式餐点和酒水饮料。

餐馆特征如下：

1）顾客对象及就餐时间不固定。

2）营业时间灵活。

3）服务方式基本为服务员送餐到位或顾客自取式。

4）常设有外卖部或饮食部等附属营业内容。

一级餐馆：为接待宴请和零餐的高级餐馆，餐厅空间宽敞，环境舒适，具有完善的设施与设备。

二级餐馆：一般以接待宴请和零餐为主的中级餐馆，规模相对较小，能为客人提供较为舒适的用餐环境，通常具有宽敞舒适的空间。

三级餐馆：以接待零餐为主的一般餐馆。

餐馆的分级与设施具体指标 表 2-1

类别	标准及设施 / 级别		一	二	三
餐馆	服务标准	宴请	高级	中级	一般
		零餐	高级	中级	一般
	建筑标准	耐久年限	不低于二级	不低于二级	不低于三级
		耐火等级	不低于二级	不低于二级	不低于三级
	面积标准	餐厅面积/座	$\geqslant 1.3 m^2$	$\geqslant 1.1 m^2$	$\geqslant 1.0 m^2$
		餐厨面积比	1：1.1	1：1.1	1：1.1
	设施	顾客公用部分	较全	尚全	基本满足使用
		顾客专用厕所	有	有	有
		顾客用洗手间	有	有	无
		厨房	完善	较完善	基本满足使用

（资料来源：根据《建筑设计资料集》重新绘制）

乡镇餐饮建筑以二级餐馆与三级餐馆为主。未来考虑到乡镇人口老龄化趋势，养老食堂建筑类型也会逐渐增多。食堂是设于机关、学校和企事业单位内部，供应员工、学生就餐的场所，一般具有饮食品种多样等特点。其特征如下：

1）就餐人数相对固定。

2）供应时间固定且人员集中。

3）供应方式基本为自购或者自取，服务人员较少。

4）餐厅有时还会作为集会或娱乐场所使用。

一级食堂：餐厅座位布置相对宽松，环境舒适。

二级食堂：餐厅座位布置疏密得当，基本满足要求。

食堂的分级与设施具体指标 表 2-2

类别	标准及设施 / 级别		一	二
食堂	建筑标准	耐久年限	不低于三级	不低于三级
		耐火等级	不低于三级	不低于四级
	面积标准	餐厅面积/座	$\geqslant 1.1 m^2$	$\geqslant 0.85 m^2$
		餐厨面积比	1：1	1：1
	设施	洗手、洗碗	设于餐厅内	设于餐厅内
		厨房	比较齐全	能基本满足要求

（资料来源：根据《建筑设计资料集》重新绘制）

餐饮建筑按照建筑的规模、建筑面积、餐厅座位数或服务人数可分为小型、中型、大型、特大型。乡镇餐饮建筑多为小型类，建筑面积≤150m²，座位数≤75座。举行婚礼庆典等仪式的餐馆多为中型类，建筑面积≤500m²，座位数≤250座（建筑面积指与食品制作供应直接或间接相关区域的建筑面积，包括用餐区域、厨房区域和辅助区域。）

餐饮建筑按照建筑的布局类型、建设位置可分为沿街商铺式、综合体式、配套式和独立式。乡镇餐饮建筑多为沿街商铺式、配套式和独立式。

沿街商铺式餐饮建筑一般出现在镇区中心，采用沿街布置形式，与其他商业店铺穿插布置，一般规模不大。

配套式餐饮建筑多与乡镇公共建筑相结合，作为旅游度假村、旅游观光园、村民活动中心、乡镇民宿等公共空间的配套功能，属于从属地位。

独立式餐饮建筑顾名思义，即独立规划、单独建造的餐馆、饮食店等。建筑场地与商铺式餐饮建筑相比较为宽裕，建筑形式大多采用低层的形式，一般会有单独规划的停车场相配套，会综合运用绿化、水景、雕塑小品等来提升建筑外部景观的品质，打造愉悦的就餐环境。有些建筑为了满足就餐者精神层面的需求还配有相应的休闲娱乐设施。

乡镇餐饮建筑往往与乡镇产业相结合，突出其地域文化与自然特色，在设计中，可以分为田园式乡镇餐饮建筑，旅游文化式乡镇餐饮建筑，观光体验式乡镇餐饮建筑，旧改类乡镇餐饮建筑。

田园式乡镇餐饮建筑，受众人群为本土居民及游客，设计上重点突出建筑与乡土自然景观的结合，表现出悠闲、舒畅、自然的田园生活情趣。

旅游文化式乡镇餐饮建筑，受众人群主要为游客，设计上重点突出地域旅游文化特色，继承和发展文化传统，遵循可持续发展的原则，展示特色乡镇旅游文化。

观光体验式乡镇餐饮建筑，受众人群主要为游客，设计上重点突出乡镇旅游沉浸式体验，体现乡镇趣味性。

旧改类乡镇餐饮建筑，受众人群主要为本土居民及游客，对原有建筑进行改造，引入餐饮业态，再利用农村闲置建筑，激活农村经济发展。

2.2.5 功能构成特点

餐饮建筑不论类型、规模如何，其内部功能均应遵循分区明确、联系密切的原则，通常由用餐区域、厨房区域、公共区域、辅助区域四大部分组成。

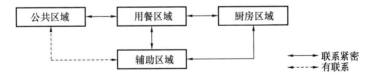

图 2-1 餐饮建筑基本功能构成图

（图片来源：根据《建筑设计资料集》重新绘制）

用餐区域：饮食建筑内供消费者就餐的场所，包括各类餐厅、包间等。

厨房区域：是餐厅从事餐食制作的生产场所，属于后台区域。作为餐厅最重要的生产部分，它控制着餐饮产品的品质和影响餐厅的销售利润。包括主食制作区（间）、主食热加工区（间）、副食粗加工区（间）、副食细加工区（间）、副食热加工区（间）、备餐区（间）、餐用具洗消间、库房等。

公共区域：在餐饮建筑中由建筑入口及与该空间具备紧密关联的室内外各部分功能区域共同构成了公共区域，是餐饮建筑营业功能的重要组成部分。包括门厅、大堂、等候区、休息厅、公共卫生间、点菜区域、收款台、歌舞台等部分。

辅助区域：主要由食品库房、非食品库房、办公用房、工作人员更衣间、淋浴间、卫生间、值班室及垃圾和清扫工具存放场所等组成。

2.2.6 流线组织特点

餐饮建筑共分为三条流线：顾客流线，货物流线、工作人员流线。

顾客流线：顾客直接进入用餐区域（餐厅和包房），或经过门厅进入，同时使用洗手间、小卖部等用房。

货物流线：货物经单独入口进入主食库、副食库、调料库等辅助区域。

工作人员流线：工作人员经单独入口进入办公、厨房区域、用餐区域、公共区域等各个功能区域。

其中货物进出口、工作人员进出口与垃圾出入口可合并为一个出入口。

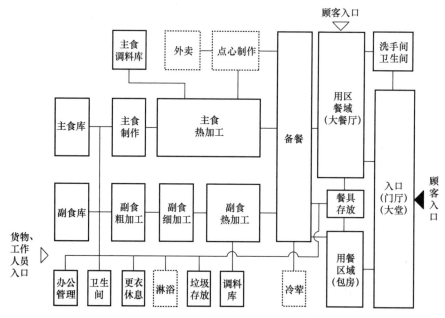

图 2-2 餐饮建筑流线分析图
（图片来源：根据《建筑设计资料集》重新绘制）

2.3 设 计 要 点

2.3.1 用餐区域

1. 用餐区域概述

用餐区域，即餐厅。餐馆、食堂中的就餐部分统称为餐厅。

餐厅的营运通常包括四大方面，食品原材料采购、食品加工、销售和就餐服务。餐厅的店面及通道的设计与布置，应体现流畅、便利、安全。餐厅内部空间、座位的设计与布局包括流通空间、管理空间、调理空间、公共空间。餐厅中座席的配置有单人式、双人式、四人式、火车式、沙发式、长方形、情人座及家庭式等多种形式。

餐厅的动线应尽量使餐厅中客人的流通甬道宽畅，服务人员的动线越短越好。应充分利用自然光线，给客人以舒适明亮的感觉。空气调节系统是餐厅中必不可少的，因为室内空气与温度的调节与餐厅的经营有着密切的关联。餐厅还应根据营业需要考虑音响设备的布置。

2. 餐厅分类

1）不同种类的餐厅具有不同的功能

（1）多功能餐厅。餐厅中面积最大，设备设施最齐全的大型厅堂。既可作为大型餐宴、酒宴、茶会的场所，又可用作大型国际会议、大型展销会、节日活动的场所。

（2）宴会厅。供中餐、西餐宴会用厅。

（3）风味餐厅。为客人提供不同的特色菜肴、海鲜、烧烤及火锅等的餐厅。

（4）风味小吃餐厅。以提供各地糕点、小吃等风味食品为主的餐厅。

（5）零点餐厅。为散客提供适合个人口味随意性点菜或小吃的餐厅。

（6）歌舞餐厅。既供应中西餐、酒水、小食品，又提供音乐欣赏、伴唱、跳舞活动的场所。

（7）西餐厅。以供应美式、法式或俄式餐为主的餐厅。

（8）扒房。为高消费水准的客人提供扒烤类食品和名酒的餐厅。

（9）自助餐厅。食品分类放置，客人凭券入厅后可自由选食，或客人入厅后自由选食，然后按价付款的自助餐厅。食品不得带出餐厅。

（10）咖啡厅。以供应饮料、咖啡为主，兼供小吃及西餐、快餐的餐厅。

（11）另外还有花园餐厅、旋转餐厅、快餐厅和团体餐厅等。

2）根据形式可分为独立式餐厅和共用式餐厅

（1）独立式就是单独的一个空间。一般认为这是最理想的格局，便捷卫生、安静舒适，功能完善。

（2）共用式又分为两种：一种是餐厅与厨房共用；另一种是餐厅与客厅共用。选择什么样的形式要根据房屋的空间结构。以中国人的烹调习惯，厨房内的油烟和湿气很重，所以选择餐厨共用的情况不太适合。但是许多小户型的房屋，受到空间的局限，年轻人不喜欢在家做饭，越来越多的人也开始选择餐厨共用的形式，节省了很大的空间。

3）流线关系

一个餐饮建筑的组成可简单分为"前台"及"后台"两部分，前台是直接面向顾客，供顾客直接使用的空间，门厅、餐厅（用餐区域）、雅座、洗手间、小卖部等；而后台由加工部分与办公、生活用房组成。其中加工部分又分为主食加工与副食加工两条流线。"前台"与"后台"的关键衔接点是备餐间和付货部，这是将后台加工好的主副食递往前台的交接点。

不论是餐馆、饮食店或食堂，用餐区域的面积占比理论上不大于厨房，但却是餐饮建筑的中心，所有功能分区都围绕用餐区域布置，并为之提供配套服务。同时，用餐区域的类型也决定了整个餐饮建筑的布局及运作方式。比如，一个中餐厅经过改造成为自助餐厅,那么围绕用餐区域的配套功能和流线布局将发生相应的改变。

3. 用餐区域功能构成

1) 大厅

用餐区域中,大厅是中餐厅的主要空间。既可供散客使用,又可供机关、团体、家庭举办庆典、婚宴、寿宴,或进行联谊和联欢。区别于上文提到的餐厅分类,下面阐述的是经过将餐厅分解后得到的构成元素,各个类型餐厅的用餐空间均可以由这些元素搭配组合而成。

(1) 散座

这是大厅也是整个餐厅的主要座席,是用来举行宴会和接待散客的地方。由于国人习惯于吃围餐,故散客区几乎全都用圆桌,有8人桌、10人桌和12人桌。散客的餐桌要相对集中,以便在举行婚宴、寿宴时,将宾客集中成一片,形成必要的气氛。

(2) 雅座

在大厅的边边角角,常有一些4人或6人席。这种席别主要是为一些零散客人和小家庭而设置的。它们或靠侧窗,使客人有景可观;或靠角落,使客人稍感僻静,是一种闹中取静的席别。这些4人席或6人席,可以用花槽、屏风和栏杆等围成,形成一个单独的区域,也可以进一步分隔成一个个相对独立的座席。后者,很像火车里的座位,故可专称"卡座"或"火车座"。雅座区的地面可以高于大厅或低于大厅。

(3) 餐具柜

餐具柜用来存放餐具、酒具、纸巾、牙签等物品,是服务员随时用以为客人提供服务的设施。它常被设计成高1m左右、厚500mm左右的柜子,分散布置在靠墙、靠柱的位置,且方便服务员取用而又不影响座席。

2) 包间

餐厅的包间是供家庭或特定的顾客群体使用的,按面积大小,有以下几种形式:

(1) 小型包间

基本设施为一套10人桌椅和一个能放置电视机的餐具柜。有些餐厅,考虑到小家庭和部分群体的需求,也设计一些8人、6人甚至4人使用的小包间。实践证明,这些座席较少的包间是很受顾客欢迎的。

(2) 中型包间

它与小包间的差别是另有一个休息处。该处往往有一个可供4~5人休息的沙发组。休息处是供先到宾客等候其后宾客的地方,是进餐前后洽谈业务、交流沟通的地方。如果包间设有卡拉OK,客人也可在此娱乐。

(3) 大型包间

大型包间的休息处大于中型包间的休息处,其就餐座位可达12~14个。包间的空余面积也大,休息处附近还可能设一个小舞池。入口附近还要有一个专供该包间顾客使用的洗手间。这种洗手间,只需设置便器与面盆。有些大包间同时设两张餐桌,可同时容纳20~30人。

(4) 可开可合的双桌间

为增加使用上的灵活性,可设一种中间有活动隔断的双桌间,并在包间前后各有一个单扇门。需要单独使用时,可用隔断将包间分成两个各有一张餐桌的小包间;需要合起来使用时，可以拉开隔断，使之成为一个具有两张餐桌的大包间。

包间是餐厅中较为尊贵的座席，故应有较强的舒适性和高雅的格调。

4. 用餐区域设计原理

就平面组合方面来说，如果餐厅及饮食厅仅仅是个单一空间，将索然无味，它应该是多个空间的组合，创造层次丰富的空间才能吸引客人。

在餐饮空间设计中，比较常见的空间组合形式是集中式、组团式及线式，或是它们的综合与变化。下面结合实例来阐述以上三种常用的空间组合形式。

1）集中式空间组合

这是一种稳定的向心式的餐饮空间组合方式，它由一定数量的次要空间围绕一个大的占主导地位的中心空间构成。这个中心空间一般为规则形式，如圆、方、三角形、正多边形等，而且要大到足以将次要空间集结在其周围。

至于周围的次要空间，在餐饮建筑中，一般都将其做成形式不同、大小各异，使空间多样化。其功能也可以不同，有的次要空间可为酒吧、小餐厅或雅座。这样一来，设计者可根据场地形状、环境需要及次要空间各自的功能特点，在中心空间周围灵活地组合若干个次要空间，建筑形式及空间效果比较活泼而有变化。入口的设置，由于集中式组合本身没有方向性，一般根据地段及环境需要，选择其中一个方向的次要空间作为入口。这时，该次要空间应明确表达其入口功能，以别其他。集中式组合的交通流线可为辐射形、环形或螺旋形，且流线都在中心空间内终止。

在餐饮建筑设计中，集中式组合是一种较常运用的空间组合形式。一般将中心空间作成主题空间，从饮食文化的角度看，餐饮建筑整体主题明确，个性突出，易于形成气氛。

2）组团式空间组合

将若干空间通过紧密连接使它们之间互相联系，或以某空间轴线使几个空间建立紧密联系的空间组合形式，是较常用的空间组合形式。有时以入口或门厅为中心来组合各餐饮空间，这时入口和门厅成了联系若干餐饮空间的交通枢纽，而餐饮空间之间既是互相流通的，又是几个餐饮空间彼此紧密连接成组团式组合，分隔空间的实体大多通透性好，使各空间之间彼此流通，建立联系。

各就餐空间彼此紧密相连，呈组团式，象征性的分隔使空间互相渗透。也可以沿着一条通道来组合几个餐饮空间，通道可以是直线形、折线形、环形等。通道既可用垂直实体来明确限定，也可只用地面或顶面的图案、材质变化或灯光来象征性地限定，后者组合的各空间彼此流通感强。另外，也可以将若干小的餐饮空间布置在一个大的餐饮空间周围。这时，组团式组合有点类似于集中式空间组合，但不如后者紧凑和规则，平面组合比较自由灵活。

一般说来，在组团式组合中，并无固定某个方位更重要。因此，如果要强调某个空间，必须将这个空间加以特别处理，例如比其余空间大、形状特殊等，方能从组团空间中显示其重要性。

3）线式空间组合

线式空间组合实质上是一个空间序列。可以将参与组合的空间直接逐个串联，也可同时通过一个线性空间来建立联系。线式组合易于适应场地及地形条件，"线"既可以是直线、折线，也可以是弧线；可以是水平，也可以沿地形变幻高低。线性空间组合在一条略加转折的通道两侧，组合十余个小就餐空间，这些空间通过这一线性空间来建立联系，有的彼此分隔，互无联系，私密感较强；有的能相互流通渗透，空间层次有变化，适应不同客人的习惯及使用要求。又比如，以一条通道将一个个小吃空间及摊位组合成室内小吃街。

当序列中的某个空间需要强调其重要性时，该空间的尺寸及形式要加以变化。也可以通过所处的位置来强调某个空间，往往将一个主导空间置于线式组合的终点。

上面分别阐述了餐饮建筑常见的三种空间组合形式：集中式、组团式及线式。在方案设计阶段，设计者要采用哪种空间组合形式，组织什么样的空间序列，是至关重要的，应该首先解决好。这几种空间组合形式各有特点及适应条件，设计者要根据构思所需、使用要求、场地形状等多种因素综合考虑，在理性分析的基础上进行空间组合设计，有时候可以是上述组合形式的综合运用。当采用集中式空间组合时，由于中间有一个主导空间，位置突出，主题鲜明，成为整个设计的趣味中心。同时，四周有较小的次要空间衬托，主导空间足够突出，成为控制全局的高潮。这种空间组合方式由于是以一定数量的次要空间环绕主导空间向心布置的格局，主导空间一般又是规则的几何形，因此，场地一般要求偏方形，若是狭长地段，往往不易形成向心的效果。

组团式空间组合平面布局灵活，空间组合自由活泼，所组合的各个空间可以有主有次，也可以不分主次，在重要性上大致均衡。其形状大小及功能可以各异，可以随场地、地形变化而进行空间组合。

线式空间组合的特征是空间序列长，有方向性、序列感强。人在行进中，从一个空间到另一空间，逐一领略空间的变化，从而形成整体印象。在这里，时间因素对空间序列的影响尤为突出。在餐饮建筑中，这种空间组合形式大多用在狭长的地段。随着生活质量的提高，人们对餐饮环境的欣赏品位也在提高，餐饮空间形态应该多样化，层次丰富。设计时要灵活运用上述几种空间组合方法，巧妙组织各种不同餐饮空间，创造出有个性、有特色，饶有情趣的餐饮环境。

5. 家具布置

餐厅家具是餐厅室内环境的重要组成部分，与餐厅室内环境设计有着密切关系。在各式餐厅中，人们借助餐桌、餐椅、吧台等来就餐和展开各种活动。同时餐厅中的家具占地面积要比一般起居室、办公室等的家具占地面积大，甚至整个厅堂为桌椅所覆盖，因此，餐厅的气氛、面貌在一定程度上被家具的造型、色彩和质地所左右。餐厅的家具主要包括：餐桌、餐椅、餐柜、接手台及部分放置装饰品的家具。厨房部分主要包括：清洗台、切配台、食品柜、灶具等，以及各式电器。其次还有和界面不可分割的龛式酒柜、吧台等。它们与餐厅内部环境的各界面和陈设物一起共同作用，相辅相成，构成餐厅室内的整体环境。在餐厅的具体设计中，很重要的工作便是考虑怎样布置家具来满足人们的餐饮要求，以及从空间环境和特定氛围塑造出发，来确定家具的式样和风格。

家具的功能具有双重性，既有物质功能，又有精神功能。前者，除满足人们就餐就饮及相关后勤操作活动的功能外，还具有分隔空间、组织空间的功能。比如，一个大的餐厅空间往往可以利用家具的灵活布置划分成不同的就餐区域，形成大小各异的就餐空间，并通过家具的安排来组织人们的活动路线，使人们根据家具安排去选择就餐的合适场所，这在餐厅的平面布置中较为<u>直观</u>。另外，有的家具本身就能围合空间，如火车座式的餐座，可以围合成一个个相对独立的空间，以取得相对安静的小天地。家具的精神功能在餐厅设计中也很突出，由于家具在餐厅空间中占据很大的分量，客人就餐时，家具又往往成为眼前最直接的视觉感受物，所以餐厅家具成为人们感受环境气氛的首要部分。设计精美、具有艺术性的餐饮家具能陶冶人的审美情趣，体现民族文化，营造特定的环境气氛，还具有调节餐厅室内环境色彩等作用。

在餐厅设计中，无论是设计家具或选配家具都要首先考虑餐厅的整体环境。家具作为餐厅的组成部分应与总体风格相协调，与整体环境相匹配。否则，再精美、再有特色的家具也要割弃，以免风格杂乱没有章法。同时，要考虑满足人的使用要求，即人们在使用它时感到方便、舒适、合理，有利于摆放、组合和便于清洗等。另外还要求它能为就餐环境增添艺术美的感受，满足人的审美要求，使人赏心悦目。

6. 客席的平面布局

餐馆和饮食店的客席布局要通盘考虑使用要求、空间设计、人体尺度及行为心理需求。餐厅客席的平面布局首先要满足就餐的使用、交通、工作服务等功能要求，通过平面的合理组织，把许多餐桌紧凑有序地安排在一个餐饮空间里，通道和吧台也都设置在方便的位置上，厨房和餐厅的关系既密切又有分隔。

在一个餐厅里，客席往往划分为若干区，客席的分区又往往与空间划分是一致的。首先是通过空间设计，如地面或顶棚的升降、隔断、围栏、绿化、灯、柱等的围隔，将餐厅划分为若干个既有分隔又相互流通的空间，再在每个小空间里布置客席。因此客席的分区要符合空间设计的意图，每个空间的客席布置往往采用不同方式，既增添了空间的趣味性，又为客人提供了多种客席的选择。

餐厅客席的平面布局根据立意可有各种各样的布置方式，但应遵循一定的规律，有两点是必须注意的，即秩序感与边界依托感。前者从秩序条理性出发，后者是考虑人的行为心理需求。此外，还要考虑主体顾客的组成及布局的灵活性等。

1）客席布局的秩序感

秩序是客席平面布局的一个重要因素。理性的、有规律的平面布局能产生井然的秩序美。规律越是简单，表现在整体平面上的条理就越严谨，反之，越复杂，表现在整体平面形式上的效果则越活泼，更富有变化。换句话说，简单的客席平面布局整体感强，但易流于单调和乏味；复杂的客席平面布局富于变化和趣味，但容易表现出凌乱、无序。因此，设计时，要适度把握秩序感，使平面布局既有整体感，又富有趣味和变化。

2）营造边界，使客席能依托边界

如第四章所述，人喜爱逗留的空间是有边界的区域，因为边界给个人空间划定出专有领域，使个人空间受到庇护。因此，从人的行为心理出发营造边界，创造有边界的客席，也是客席平面布局的主要设计原则。除了宴会厅以外，一般都应使每个餐桌在一侧能依托某个边界实体，如窗、墙、隔断、靠背、栏杆、灯柱、花池、水体、绿化等，使客人有安定感和个人空间的庇护感，尽量避免四面临空的客席。

3）考虑顾客组成，使客席布局灵活多变

不同的餐饮店其主体顾客组成不同，客席的布置要针对本店的主要顾客组成来设计。例如位于写字楼及商务公司附近的高档餐馆，其客源以商务宴请为主，以应酬交往为目的，餐桌多布置为正餐宴请方式，8～10人桌为主，部分为4～6人桌，并应配以雅座间（1～2桌），以示宴请人对宾客的尊重，并使饮宴气氛不受干扰。而位于购物中心内的餐饮店，多属快餐，顾客以年轻人为主，餐桌布置应以2～4人桌为主，还要设些单人餐桌，使每位客人都有自己的领域感。客人在果腹充饥的同时，希望得到休憩、放松，可以面对面，一般无需雅座间。针对客人惠顾餐饮店的不同动机，每组客人数会不同，餐桌布置要适应这些需求，客人惠顾动机及相应人数参考表可供参考。

惠顾动机与相应人数参考表　　　　　　　　　　　　表2-3

惠顾动机	填饱肚子	约会	恋爱目的	消遣	与朋友交谈	商务会谈	各种会餐	家宴婚宴生日宴	同学会	中型宴会	大型宴会
人/组	1～3	2～4	2	1～4	2～6	2～10	4～20	6～20	20～50	30～50	50～100人以上

（资料来源：作者自绘）

餐桌的布置还应具有灵活性。当每组客人数少时，布置为2人、4人桌，一旦需要又可拼为6人、8人、12人的条桌。有的雅座间可以为两桌，也可以随时打开吊挂的活动隔断，变为单桌的雅座间等。

7. 客席布置与人体尺度

餐座是人在餐饮店停留期间的主要逗留处，餐座设置除要考虑人的行为心理外，还必须适于人体尺度，令人舒适。餐座的设置直接影响就餐环境的舒适水平，应予以重视。根据人体尺度，餐座布置主要考虑客流通行和服务通道的宽度，餐桌周围空间的大小等。对自助餐厅来说，还要考虑就餐区与自助菜台之间的空间距离。对酒吧座来说，主要考虑售酒柜台与酒柜之间的工作空间、酒吧座间距、酒吧座高度与搁脚的关系、与柜台面高度的关系等。

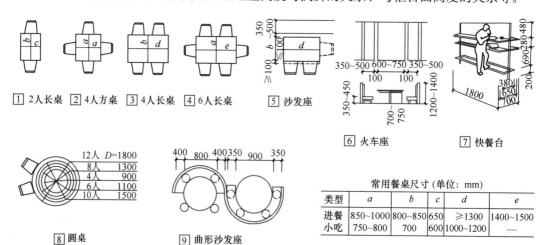

常用餐桌尺寸（单位：mm）

类型	a	b	c	d	e
进餐	850～1000	800～850	650	≥1300	1400～1500
小吃	750～800	700	600	1000～1200	—

图2-3　常用餐桌尺寸
（图片来源：根据《建筑设计资料集》绘制）

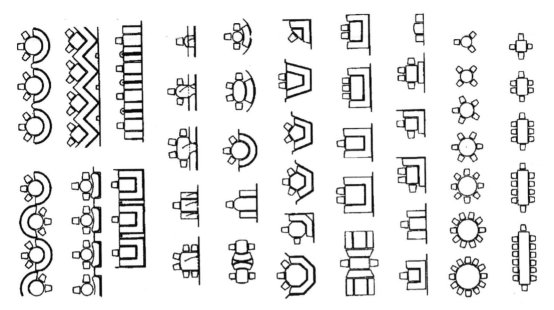

图 2-4　常见餐桌布置形式

（图片来源：根据《建筑设计资料集》绘制）

8. 餐饮厅家具设计要点

1）家具与人体工程学

在餐厅中，人与室内家具接触较多，顾客就餐、就饮是坐着的。因此家具的设计，特别是椅子的设计，更应引起设计者的重视。这里，人体工程学是科学设计家具的第一依据。

设计者通过研究人的坐姿与椅子支承构件的相互关系，大腿和臀部的自然曲线与座面的关系，靠背的支撑与人体上背部的着力部位的关系，座椅表面与餐桌底面之间给大腿和膝盖所留的空间大小等，使座椅使用起来更加舒适、放松。同样，通过对人体尺度的把握，使设计的椅子宽度、高度，桌子高度、宽度，以及椅子与桌子之间的相对高差，都有比较准确的尺寸。

2）家具的造型设计

家具的造型设计要综合运用点、线、面、体、色彩、质感等造型要素。根据形态，家具可分为：线型家具、面组合家具、体块家具。以直线或曲线为主要造型手段的线型家具，一般都显得比较灵巧，适合快餐类餐厅使用。以各种面组合为主要造型手段的家具，较具观赏性，形式多样，适合各类性质的餐厅。以体块结合为主的体块家具，如沙发类家具，较沉稳、舒适，适合咖啡厅、酒吧等场所。

色彩是家具造型的基本要素之一，在家具设计中较好地运用色彩，可以取得赏心悦目的艺术效果。家具的色彩对整个餐厅空间环境设计也有决定性的作用，好的家具色彩可以使室内美轮美奂，反之则会对室内产生破坏效果。

家具的不同材料、质感处理也是家具设计的关键。一般来说，家具材料的质感可以从两方面考虑：一方面是材料本身所具有的天然质感，另一方面是对材料施以各种表面处理加工后所显示的质感。木材、竹、藤、柳条、塑料、金属和玻璃，由于质地各异表现出各种不同的质感。木质家具给人以亲切温暖的感觉，其自然纹理又显示出一种天然美；金属加工后，可以体现其工业美；而竹、藤、柳条等家具则可以产生一种质朴美。另外在家具设计中，还可以运用几种不同的材料相互配合，以产生不同质地的碰撞感。

3）家具的风格

餐桌餐椅作为一个单体，其本身应该造型优雅、美观大方，具有时代感和民族特色。在中国，家具的设计、制作具有悠久的历史。中国家具历经各个时代的风格变迁，但始终保持其构造特别和精练的遗风，特别在注重构造简朴的硬木家具上表现明显。中国日用家具装饰严谨，显现出有力的造型和实用的性质，散发着纯真、刚中有柔、光洁匀称的艺术魅力。在现代餐厅的家具设计中提取传统的精神，借鉴传统的形式，不失为一种设计的好方法。此外，欧美国家传统的家具设计和现代派的家具设计同样可以洋为中用，为创造不同民族风格的餐厅增添色彩。

9. 实例分析

1）特色中餐饮食会所

本案总面积 2200m²。整体空间分为上、下两层，由大小不同的 16 间包房，以及分处两层的局部开放式就餐区组成。

包房区、卡座区和司机用餐区之间，通过空间的设计在互不干扰的区域分隔处理后，依靠动线设计，依然保持各个功能区的联动关系。

就餐区的划分与普通餐厅相比更为细致周到，专门划分出司机用餐区，卡座区，大、中、小包房。

二层对应的开敞空间设计为卡座餐区，日常能单独接待散客，在需要的时候也可以将整个区域开放，可以灵活地变通为举行较大宴会的餐区。

2）美食广场

某美食广场就餐区可容纳 300 人。每个不同的烹饪台供应一种菜肴，包括各式民间小吃、中西特色食物和烤肉等。

美食广场首先强调的是基本平面布局，充分利用空间，并实现人流最大化。最初构思的格局是摊位环绕中庭排列，大部分座区设置在较远处的空白位置，和电梯相隔一定的距离。

经过仔细研究，设计师决定运用曲线造型，避免座区的直线排列，同时将摊位正面全部展示出来。这一布局方案将空间分割成一系列的小区域，方便顾客走动。摊位有序排列可以使顾客的活动更加简单化——顾客只需朝一个方向走，从中选择自己喜爱的食物，避免引起混乱。

3）烧烤、火锅餐厅

在本案的设计中，让现代都市人们的休闲方式与源自中国的经典传统美食，共同营造出了令人倍感亲切的温馨体验。令人心情愉悦的地中海乡镇风情主题、宽大的餐桌及通道设计、园林化的室内装饰，以及柔和悦目的暖黄色灯光，这些元素糅合在一起呈现出真实的体验感，最大限度地让就餐者享受到环境所带来的亲和力。粗糙的板岩、细腻的木纹、形态各异的卵石、朴实的陶罐，这些粗犷且真实的自然肌理，让亲切之感油然而生。随处可见的绿植经过艺术化处理，为空间平添了勃勃生机，植物不只是一件简单的陈设道具，更为空间带来了最有力的生命感。

4）特色茶楼

本案的设计定位将传统装饰元素的经典之处，提炼并演变成为新的设计符号，而在独立包房的小空间内，运用了细腻并充满文化气息的细节装饰。

本案的设计灵感来源于对传统精髓的继承。中式风格主调的确立，通过现代简洁的设计语言来描述，将这样一处充满茶香的文化空间与现代生活之间的距离拉近了。在色彩控制上，整个空间被饰以稳重的暖色调，配合局部光源的处理，以亲切温馨的视觉体验，让空间与人之间的关系更加紧密。

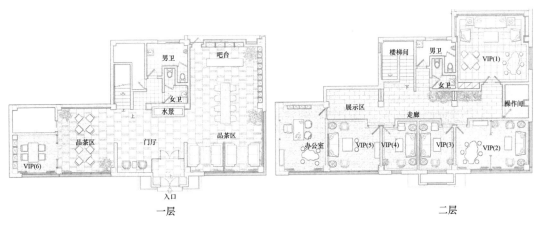

图 2-5　平面布置图

（图片来源：《餐饮哲学》）

传统庭院设计中常用的月亮门造型被加以改进，以新的方式进行运用。一层的水景再现了月亮门的形式，但从功能上延展为水景的设计，而在几处包房的隔门处理上，则是延展了月亮门的概念，将原本的经典造型以传统瓷瓶的剪影形式呈现，带来新的视觉效果。

10. 小结

1）用餐区域（即餐厅）是顾客用餐的地方，在整个餐饮建筑中很重要。用餐区域不论在任何类型餐饮建筑，抑或建筑流线中都是一个重要节点。

2）常规餐厅的构成元素列举，设计师通过对各个元素的解构重组能够获得不同类型的餐厅。

3）通过对平面的组合、对家具陈设的运用，即从人性对宏观的平面组织入手并延伸至微观的人体工程学，能获得系统的设计方法。

2.3.2　厨房区域

1. 厨房区域概念

厨房区是餐厅从事菜点制作的生产场所，属于后台区域。作为餐厅最重要的生产部，它控制着餐饮产品的品质和影响着餐厅的销售利润。

2. 厨房区域功能构成

一般而言，厨房区由多个功能区域所组成，如储藏区、洗涤区、烹饪加工区、备餐区等。不同类型的餐厅由于经营内容、经营方式、规模大小等的差别，相对应的厨房区所包含的功能要求也各不相同。但从整体上来看，不管餐厅所处区域位置、经营什么风味的餐饮产品、其经营规模的大小，厨房区域都是必不可少的组成部分，其生产工艺流程都是大致相同的。所以根据生产工艺流程，厨房区一般可划分为验收储藏区、加工烹饪区、备餐洗涤区三大部分。

3. 厨房区域设计原理

1）功能组成

通常厨房区如功能组成图中所示：

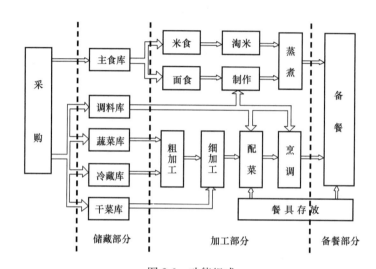

图 2-6　功能组成

（图片来源：根据《建筑设计资料集》绘制）

（1）验收储藏区

验收储藏区是餐厅将外部运达的各种物品进行选择、验收、分类、入库的活动区域，属于餐厅的后台区域，承担着原料、食材供给的功能。通常会将厨房的设计重点放在烹调加工区域，而忽视了后部区域供给的重要性。这样的设计处理会带来许多麻烦，假如储藏区设计得不合理或者区域面积过小，无法达到食材相应时间段的用量，需要频繁地采购进货，进而可能会影响餐厅的正常运转。所以验收储藏区虽然不是最重要的，但却对厨房加工正常运作有着很大的影响。

从平面布局的角度考虑，验收区应该邻近卸货区和储藏室，这样可以使货物的运送、验收和储藏更加顺畅。最合理的布局是：卸货区直接与验收区相连，而验收区与不同的储藏室相连。从实用功能的角度考虑，验收区设计时应考虑建筑室内外高差，以便于手推拖车的使用，以及地面的光滑与整洁，并且要具有良好的人工照明，以便货物到达时进行仔细检验，可用荧光灯作为整体照明，白炽灯作为工作照明。由于许多货物是按重量来采购的，因此验收区须考虑秤的设置，在有大批量采购食材的需求时，适合采用安装在地面的滴秤，以方便称重。

（2）粗加工区

粗加工区是指厨房对水果、蔬菜以及肉类、水产品等食材进行初期清洗和加工的区域。在设计中应与储藏区以及加工烹饪区域接近并方便通行，以保证原料在加工前能进入合适的工作区或存放处，保证食品的卫生质量和工作效率。

（3）加工烹调区

加工烹调区是厨房加工、烹制各类菜肴的核心区域，一般由多个功能区域所组成，如准备区、热食区、冷拼区、饮料区、存放区等。但由于不同餐厅所经营产品的差异，厨房加工烹饪区的内容与所应遵循的功能细部要求各不相同。对于以中餐为主的加工烹调区，由原料初加工区、切配区、烹调区、糕点制作区、凉菜制作间等场所组成，且每一区域有其自身的功能要求。

（4）原料初加工区

应设置在靠近原料入口并便于垃圾清理外运的地方，这是由于其包含了蔬菜加工，禽畜、水产宰杀的功能。这样的设置有利于节省货物的搬运时间，同时也可以减少搬运时对场地和环境的污染，加工后产生的垃圾可以及时得到外运。同时，原料初加工区还应留有足够的空间，避免加工原料时不同种类之间的相互污染。对不同原料的加工要做到相对集中，适当分隔。另外，初加工区与各烹调区之间要有方便货物运输通道，以确保初加工后原料的新鲜度。个别还需要做到与就餐区的互通，因为一些生猛海鲜类菜肴，需经顾客点菜、看货确认后，再宰杀加工。针对上述的各种情况，初加工区要在较短时间内高质量地完成加工工作，并要在第一时间送至切配区和烹调区，以减少顾客等菜的时间。所以，初加工区域与各烹调区有方便、顺畅的通道或相应的运输手段，是厨房设计所不可忽视的。

切配区是厨师按照已定的菜单，对洗涤初加工后的蔬菜、肉类、禽类、水产，进行刀工成型及味料调制等工作，其主要的设备有锯骨机、绞肉机、切片机、开罐器、制冰机、洗涤池、工作台及各种盛器、用具等。从使用功能的角度讲，切配区与烹调区应在同一工作间内，配份与烹调位置距离不宜太远，以减少传递工作量。需要布置一定的工作台或台架，用以暂放待加工的原料，不可将已配分的、未加工的菜肴均搁置在烹调位出菜台上，以免出菜次序混乱。

烹调位是对各类菜肴进行热烹调、制作的区域，是厨房工作中最重要的环节，其质量的好坏直接影响到餐厅的经营效益。从使用功能的角度讲，烹调区应紧邻备餐区和餐饮区，以保证菜肴的出品及时传送，并符合应有的色、香、味等质量要求。

（5）凉菜区

凉菜制作间，是餐厅制作、加工各种冷食的区域。由于进入凉菜间的食品原料都是经过洗、泡、腌、渍等烹饪处理，已是符合食用卫生要求的成品，所以，凉菜制作间的功能要求与厨房烹饪区有明显不同，卫生、清洁的程度要求更高。从平面布局的角度讲，由于中式餐饮的上菜服务习惯，凉菜无论在零点餐饮还是宴会餐饮中，总是最先出品上桌的。因此，凉菜制作间应紧靠备餐间，并具有出菜快捷的条件。可考虑设置专门的窗口与平台，或者在紧靠凉菜制作间的位置设置展示菜品的吧台。这样，既能提高出菜的速度，又能给顾客以直观的印象。

（6）食品备餐区

为保持食品质量，尽量减少食品烹调后的放置时间。食品备餐区应接近烹调区和服务区，布局以保证服务员备餐和送菜不走来回路线为原则。布局原料从后面进入储存和粗加工区，经粗加工区后进入烹饪区、面点加工处和冷菜加工处，热菜加工完毕后放在热菜出菜口。冷菜加工完毕后放在冷菜出菜口。

（7）洗涤区

洗涤区是清洗、消毒餐厅内使用过的盘碟、碗筷、酒杯、汤匙等餐具与厨房用具的工作场所。洗涤区的工作效率及质量是餐厅生产和服务效率的重要依托，对控制餐具的损耗数量也起着重要作用。因此从整体布局上看，洗涤区的位置应靠近餐饮区与厨房区，以方便传递用过的餐具和厨房用具，提高工作效率。同时，距离短还可以减少传送过程中的污染机会和破损概率。由于经营内容、经营方式等差异，不同类型的餐饮空间其洗涤区的设置会有所不同，而具体的位置设置需根据餐具的洗涤次数及数量来确定。餐厅的具体经营方式对洗涤区的位置设置有重要的决定作用。从使用功能的角度讲，洗涤区应采用有效的通、排风设备，以解决洗涤过程中产生的水汽、热气；除具有洗涤的设备外，还应有可靠的消毒设施，以对顾客的身体健康负责；采用脚控或肘控的水龙头，以避免清洗中因关闭水龙头，手再次被污染，垃圾桶应分类设置，其位置摆放要合理并靠近后台清运出口处，方便工作人员倾倒垃圾。

2）流线设计

物品流线是指食物原料、菜品、餐具、餐巾、垃圾等物品在餐厅内的运转流线，其活动范围主要集中在后台区域，即储藏区、粗加工区、厨房烹饪区、备餐间、洗涤区等功能区域。物品流线根据洁污分流的卫生标准，主要分为菜品流线与垃圾流线两类。

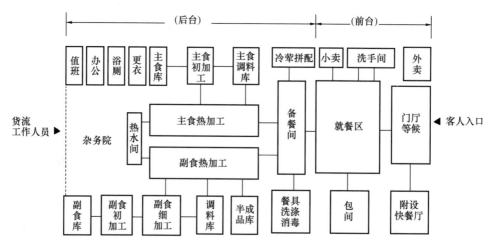

图 2-7　餐厅流线图
（图片来源：根据《建筑设计资料集》绘制）

对于菜品流线来说，根据生产加工的流程，可划分为三个阶段，即食物原料的验收与储藏、食物原料的烹饪与加工、菜品的出菜与送菜。在验收与储藏阶段，为使食物原料的入库及厨房所需物品的运达更为快捷，储藏区与厨房区应紧邻卸货区，缩短食物原料的供应路线。在烹饪加工阶段，主食与副食两个加工流线要明确分开，从粗加工、热加工至备餐的流线要短捷通畅，避免迂回倒流。在出菜与送菜阶段，备餐间内部布局要与送菜路线相一致，出入口应与顾客就餐路线分开，以避免人流的交叉。另外，对于厨房设置在较高楼层的餐厅，垂直运输食物原料与菜品的食梯应分别设置，不得合用。

对于垃圾流线来说，根据垃圾产生的位置，主要分为两种情况：一是指顾客用餐完毕后，剩菜残羹的处理；二是指厨房内部生产加工过程中所产生的食物废料。在第一种情况下，由于构成多为湿垃圾，其处理流线与餐后收拾餐具的路线相一致。在第二种情况下，由于构成大多为干垃圾，为不影响厨师工作流程的连续性，可先短暂少量地存放在厨房区内，然后再及时集中统一清理，但应注意与洗涤区湿垃圾的分类存放及清运。在这两种情况下，垃圾的存放点都应靠近后台出口处并与食物原料的供应路线分开，确保洁污分流的流线处理原则。

2.3.3　公共区域

1. 餐饮建筑公共区域概念

公共区域，顾名思义，可以共有、共享并能承载多种复合功能的区域。在建筑设计中，因其属性，公共区域又包含了空间流线的集散以及相关配套功能。乡镇餐饮建筑公共区域的设置归属于此，但又有独特侧重。

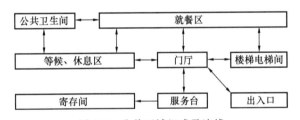

图 2-8　公共区域组成及流线

（图片来源：《建筑设计资料集》）

2. 餐饮建筑公共区域功能构成及特点

根据餐饮建筑公共空间特征以及使用人群的行为模式和习惯，将门厅、大堂、等候区、休息厅、公共卫生间、点菜区域、收款台、歌舞台等部分纳入公共区域构成范围。这些功能空间共同构成了在餐饮建筑中共有、共享的功能区域，并且在建筑使用流线上位于前端位置。

根据餐饮建筑的不同类型以及不同类、级，公共区域的构成内容也有所不同。

餐饮建筑类型包括：餐馆（饭店、旅馆餐厅、酒店、自助餐厅等）、饮食店（咖啡馆、茶馆、酒吧、早餐店、快餐店等）、食堂三大类。其中乡镇餐饮建筑因其形成特征又以餐馆类型居多。有独立建设的饭店，也有与旅馆合建的餐厅、自助餐厅部分。其公共区域面积应适应该建筑的总体规模，根据不同规模、分级的餐饮建筑公共区域面积配比一般公用服务面积约占 5%～10%，辅助功能面积约 12%，餐饮建筑级别越低，公共空间面积占比越小。由此可知，餐饮建筑的公共区域面积直接影响整体建筑评级、档次。

合建类型的餐饮建筑功能，其公共空间因体量、规模限制往往与住宿部分公共空间共享。这便要求公共区域的功能也要体现更为复杂的功能复合性。其建筑面积也应适当增加。

餐饮建筑公共区域的室内净高应根据其风格和空间特点进行设计，为保证适宜的空间环境感官和环境质量，除公共卫生间外，其净高不宜小于 2.4m。

公共区域最小净高要求　表 2-4

房间名称 顶棚形式	餐厅、饮食厅		各加工间
	大餐厅、大饮食厅	小餐厅、小饮食厅	
平顶	3	2.6	3
异形顶	2.4	2.4	3

注：1. 有空调时，小餐厅、小饮食厅最低净高不小于 2.4m（平顶）。

　　2. 异形顶指最低处净高。

（资料来源：《建筑设计资料集》）

　　餐饮建筑公共区域室内空间装饰设计在符合建筑消防安全的前提下应符合建筑的主题。墙面、楼地面、吊顶及家具设计均应进行统一的风格化处理。要有明确主题形象和导向性，舒适的空间环境并且与其他前台功能用房和垂直交通构件保持良好的流线关系。

　　乡镇餐饮建筑因其特征在公共区域更应重视对传统地域文化的继承发扬，以及对既有生态的保护态度和对未来发展的可持续性的考虑。因此，在空间布置上应着重研究其流线、空间关系、功能复合性、装饰风格材料、符号提取等要素与餐饮建筑主体的契合性。

图 2-9　大瓢把东北土匪菜大堂装饰

（图片来源：作者自摄）

3. 乡镇公共区域设计原理

1）功能设计

（1）门厅

门厅二字，顾名思义，打开门户，进入厅堂。作为进入建筑的缓冲区域，门厅是连接室内与室外的最主要空间，是消费者经由外部进入建筑大堂的必经之路。门厅虽然是个通行空间，但是却起着非常重要的空间过渡作用，同时在心理上，这个空间会成为使用者形成至关重要的第一印象。因此，一个功能完整、视觉美观、实用安全的门厅在建筑设计中却是不容忽视的。

厅的主要功能是连通，即连接和通过。所以门厅的通过能力是门厅设计过程中的最重要的内容。门厅的设计形式根据平面布置主要分为独立式、衔接式以及嵌入式三种。作为餐饮建筑最主要的交通空间，在设计过程中应通过适当的空间围合方式或者分隔方式来达到高效地引导人流和疏散人流的效果。并且充分考虑利用视觉来进行功能性的引导。顾客可以通过视觉引导了解门厅所联系的各种相关功能组成部分的位置，快速地形成人在空间内的印象以及流线方案。避免因此造成的人员停滞所形成的阻塞的情形。

门厅设计同样也要注重视觉观感的设计。根据用地环境和条件、主题特征以及规模进行合理选择。门对于餐饮建筑，应根据顾客特征、使用人数以及消防安全要求进行合理设置。即要有合理的面积和净高度的空间尺度。

同时，还应该注重门的开启形式、造型特征、宽度方向、材料等属性设计以及与外部交通的关系。当餐饮建筑规模较大，等候人数较多的情况则需要适当扩大该空间，并且随之配置满足等候服务的配套功能。

不同于门厅的连通功能，门厅的逻辑空间意义则是为了分隔。即对内与外、冷与暖、洁与污、公共与私密等内容进行分隔。因此在满足通行功能的基础上，应着重重视其空间的逻辑意义的处理。

由于北方四季分明，夏热冬冷，因此一般此空间朝向多于东南向设置并且加设门斗以减缓室外环境对室内舒适度的影响。

门厅的功能设计应考虑人性化，并且考虑功能的复合性。在门厅外部，应考虑广告展示、产品（菜品展示）窗口、外卖窗口，以及复合建筑主题的雨棚、台阶、坡道、景观设计等内容。

门厅内部应合理布置辅助等候区域及引座服务台、配套杂志阅览或电子阅览功能区、雨伞台、鞋柜、其他宣传物布置等功能，并且考虑将门厅与室内大堂、外卖窗口和室外空间进行组合的可能性。

应当重视门厅空间的隔断作用，在空间上应将门厅内的流线进行转折以保证其分隔意义；在装饰上，合理利用门厅设计手法，结合建筑装饰风格进行空间限定以及视觉隔断。

图 2-10　泰国芭提雅 Pattaya Park Beach 酒店
（图片来源：作者自摄）

图 2-11　法国某餐厅门厅
（图片来源：作者自摄）

图 2-12　泰国黄金屋门厅装饰
（图片来源：作者自摄）

（2）大堂

对于规模和级别较高的餐饮建筑，多会设计大堂空间。大堂是一个餐饮建筑顾客内部流线的起点和集散点。对于配置了大堂的餐饮建筑来说，酒店大堂无论从空间特征还是在装饰装修设计方面的要求都比较高，其原因不仅是其在建筑流线上的重要地位以及面积，也因为大堂设计承载了餐饮建筑的主要精神和物质需求。

餐饮建筑大堂的主要功能包含等候区域、休息区域、收款台等功能并且连接就餐区域、点菜区域、歌舞台、外卖窗口、公共卫生间以及各层竖向交通构件。

餐饮建筑大堂应设置于建筑流线核心部位，与其他功能应有良好的流线联系，避免不同流线交叉，方便集散。同时，空间设计应有良好的人流导向性，其空间尺度应适当放大，空间设计相对灵活自由，装饰风格反应餐饮建筑主体风格。

休息区位置一般位于入口和餐厅之间，主要功能是作为顾客在就餐前或者就餐后的休息、等待等过渡功能。其规模面积由整体餐饮建筑确定，餐饮建筑的规模、面积不同，会有不同的接待人数、服务需求、高峰时段。因此休息区的规模应根据餐饮建筑的特点来进行适当匹配。充分考虑其使用过程中所需要的空间面积、功能要求。一般，休息区会布置小型的座椅、简单的衣帽架，报刊、多媒体娱乐设施，自助型的冷餐饮、咖啡、擦鞋器等家具设施，以减弱顾客在等候、休息的过程中所产生的单调乏味的感觉，增加餐饮建筑的承载能力，提升客流量。

需要注意的是，休息区域因顾客会在此进行相对长时间的驻足或停留，尤其是对于乡镇餐饮建筑这类特色鲜明强调体验的建筑类型来说，此空间应加入更为具有特色的装饰构成以及功能构成。比如增加一些桌面游戏设施、交互体验娱乐等内容来进一步增强餐饮建筑的主体特点，提升乡镇特色和人的主观体验效果。

在流线上，因休息区是一个相对独立稳定并利于人停留的空间，因此应避免其内部产生过多的交通流线，要避免与餐饮建筑的主要就餐流线产生过多的交叉，以此避免因流线交叉干扰所带来的人流混乱，以免影响公共区域的疏散效率的同时，降低休息区的舒适度。

大堂内的前台空间应设置在门厅的入口处，主要功能为咨询、订餐、结账、外卖交付等功能。是顾客进入餐饮建筑中率先使用的区域。因此，其设置必须相对醒目，在视觉上要具备强烈的导向。在家具布置上，应结合建筑规模充分考虑其功能进行配置。一般前台桌、酒水柜等基础配置，考虑电话机位、服务员位、结算终端机等配置的位置。在视觉感官上，前台需要进行符合乡镇餐饮建筑主题的装饰表达。体现前台功能特征的同时，呼应整体装饰风格。

（3）公共卫生间

公共卫生间是餐饮建筑不可缺少的一部分，在心理上，良好的公共卫生间设计能够对顾客就餐体验有较大的提升。所以公共卫生间被看作关系餐饮建筑档次的重要环节。应根据建筑级别、规模进行合理配置并形成舒适宜人的公共卫生空间。

《饮食建筑设计标准》JGJ 64—2017 规定："一、二级餐馆及一级饮食店应设洗手间及厕所，三级餐馆应设专用厕所，厕所应男女分设。三级餐馆的餐厅及二级饮食店的饮食厅内应设洗手池。"

图 2-13　日本白马童子拉面前台
（图片来源：作者自摄）

顾客卫生间设备设置　　　　　　　　　　表 2-5

顾客座位数 卫生器皿数		≤50	≤100	每增加 100
洗手间	洗手盆	1		1
洗手处	洗手盆	1		1
男厕	大便器		1	1
	小便器		1	或 1
	洗手盆		1	
女厕	大便器		1	1
	洗手盆	1		

注：按分级情况设洗手间或附在餐厅内的洗手处。

（资料来源：《建筑设计资料集》）

工作人员卫生间设备设置 表 2-6

最大班人员数	≤25	25～50		25～50	
卫生器皿数	男女合用	男	女	男	女
大便器	1	1	1	1	1
小便器	1	1	1	1	
洗手盆	1	1	1		
淋浴器	1	1	1	1	1

注：工作人员包括炊事员、服务员和管理人员。

（资料来源：《建筑设计资料集》）

餐饮建筑卫生间布置中，需要注意卫生间开门位置应该相对隐蔽，不应直接对向就餐区域和厨房区域，减少卫生间对就餐区域的环境影响和心理影响。也应注重利用装饰设计对卫生间入口空间进行改善优化，减弱卫生间的固有思维定式。但还要保持卫生间的通达性，可以利用标识系统进行加强。如明确的卫生间指示标识、性别提示标识等。

卫生间及盥洗台宜男女分设，提升顾客如厕的私密性保障，减少异性混用卫生间所造成的心理抵触和尴尬。尤其餐饮建筑中的盥洗台使用频率更高，因此在盥洗台空间的设计应适当放大，不仅满足基本的盥洗行为空间，还应充分考虑盥洗区域与卫生间如厕区域的流线干扰，避免交叉拥挤。

洁具数量应根据建筑规模、使用人数和性别比例进行细致配置。《饮食建筑设计规范》对卫生间的配置数量进行了底线规定：≤100座时设置男大便器 1 个、小便器 1 个，女大便器一个。>100座时，每 100 座增设男大便器一个或小便器一个，女大便器一个。洗手盆≤50 座时设置 1 个，>50 座时每 100 个座位增设 1 个。

餐饮建筑中的公共卫生间使用频率较高，在建筑设计过程中应当充分考虑日常维护的便利性。设计清洁池（拖布池）以及配置清洁员工工作常用物品（工作服，洗涤、扫除工具等）存放的储物间。

（4）点菜区域

部分餐饮建筑为了提升顾客点餐体验，会设置点菜区域，将菜品的新鲜材料、图片集中呈现在顾客面前，让顾客更直观地了解菜品特点，刺激消费欲望。尤其是主打绿色生态主题的乡镇餐饮建筑，点菜区域更是非常具有特色的内部环境风貌。在平面布置上，点菜区域一般与门厅或大堂空间保持最紧密的联系，附庸或包含其中。

（5）歌舞台

如今，餐饮行业服务也在进行不间断更新和提升，服务已经不仅体现在对菜品质量和就餐环境的提升上，同时还重视顾客的就餐体验。因此，歌舞台空间越来越多地出现在一些中型或大型的餐饮建筑中。乡镇餐饮建筑因其乡土特色丰富独特，加入歌舞台功能能更好地体现建筑的文化特色。

在建筑空间设计中，歌舞台位置一般会与门厅及就餐区域有非常直接的视觉关系，根据餐饮建筑的不同风格进行极富特色的装饰。而且，与就餐区域各个餐位需要形成相对均衡的视觉均好性，保证每一位顾客都能够相对舒适地观看歌舞台的表演。

图 2-14　泰国黄金屋舞台空间布置
（图片来源：作者自摄）

2）乡镇餐饮建筑的风格设计

建筑设计风格化是建筑空间由理性到感性的重要升华，在满足空间基本功能的同时，还需要对建筑精神需求进行进一步的探求，这样才能体现建筑艺术的独特魅力。餐饮建筑是受众需求度极高的建筑类型，餐饮消费是一种体验式消费，进行正向积极的建筑风格设计不仅能提升顾客的消费体验，而且能够提升人口素质和审美水平。

对于乡镇餐饮建筑，以其所具备的地域、文化、产业、风俗等诸多极具特色的风格类型，作为区别于其他种类餐饮建筑的特征和重要卖点，主题就是餐饮建筑风格的重要表现载体。餐饮建筑公共区域因其特点，则成为主题表现得最重要的空间。因此，在空间尺度以及室内装饰方面应围绕餐饮建筑主题而进行积极的风格设计。

（1）空间风格设计

乡镇餐饮建筑公共区域的空间应该在满足功能流线安全的基础上，结合餐饮建筑的主题进行恰当适宜的设计。

门厅、大堂空间需设计满足装饰布局以及功能安排、视觉导向等设计要素的需求。空间的面积和净高尺度相对放大，空间形制也应更加自然，结合点菜台、歌舞台等公共区域功能，着力体现与其他类型餐饮建筑的空间区别，充分体现乡镇文化的主题特征，为形成良好的就餐体验效果提供支撑。

对于公共卫生间，应适当放大盥洗区域的面积，重视盥洗区域的尺度和舒适度，避免男女共用盥洗空间。充分考虑无障碍卫生间空间的布置。

（2）装饰风格设计

公共区域的装饰风格设计是对乡镇餐饮建筑主题的最直观、最近距离的体现和表达。在设计中应当合理根据建筑主题进行地域性的设计元素提炼，兼顾经济性、实用性和安全性进行细节化、个性化的具体设计。

以北方乡镇餐饮为例，外门形式多采用满族民居木制、仿木质雕花门或者满清官式槅扇门等形式，以衬托建筑主题。

图 2-15　日本道顿堀门头风格装饰
（图片来源：作者自摄）

外窗应与外门风格协调一致，取材地道。并且充分考虑其采光和通风的功能性，可采用自然遮阳手段。

对于公共卫生间的装饰设计，应当本着功能优先，兼顾风格的设计策略。利用极具特色的乡土元素进行公共卫生间盥洗镜、手盆、水嘴、马桶、隔断门设计。

室内空间的墙面、楼地面、顶棚在充分体现乡镇餐饮建筑主题的同时，也应注意其功能性和经济性。材料选择应体现就地取材特征。墙面宜设置墙裙，便于打理。地面材料注意防滑，利用不同材质来区分不同功能空间。顶棚应着力打造乡野情怀，减弱钢筋混凝土楼板外露所带来的现代主义建筑的工业感。并且，顶棚设计同铺同样需要做好对不同功能空间的限制作用。

应对陈设家具进行指导性、控制性的设计。家具风格需进行明确的风格化统一并且充分考虑使用的功能。体现乡镇风情主题并不意味着完整的复述，关键在于元素的提取和与现代技术的结合应用。家具设计应注重功能高效、使用舒适、清理方便并且耐久性强。

3）安全设计

（1）使用安全

由于乡镇餐饮建筑的公共空间在体现主题的同时会进行相对更为复杂的室内装饰和原生态装饰材料的应用，在空间和装饰设计的过程中应该充分考虑顾客的行为特征，避免尖角与人流方向正对以减少碰撞产生的安全风险；处于主要流线上的台阶、应醒目且坡度适中，以 150mm×280mm 为宜，台阶应设置防滑条，且有明显标注；若设计坡道，则要注意坡道的坡度以及防滑面层处理。卫生间地面应采用防滑地砖，且门开启不应阻碍主要顾客流线。

（2）消防安全

乡镇餐饮建筑的公共区域安全疏散应格外注意，利用良好的视线引导并且形成高效的疏散路径以保证人员在此聚集时，火灾发生能够快速撤离。因公共区域的装饰元素较多，所以应充分考虑装饰材料的燃烧性能，降低火灾荷载。根据装饰材料耐火等级表进行合理设计。

装饰材料应采用 B 级（离火自息）以上的装饰材料，以避免因火势蔓延造成的人身财产安全问题。

4. 小结

乡镇餐饮建筑的公共空间作为餐饮建筑顾客流线的起点和终点，无论在主观感觉还是在客观功能上都是非常重要的。因此乡镇餐饮建筑的公共空间应以空间、流线、功能为基础，并且融入主题特色，形成具备乡镇风格的主题而且高效安全的建筑空间。

2.3.4 辅助区域

1. 定义

乡镇餐饮建筑的辅助区域主要由食品库房（包括主副食库、蔬菜库、干货库、冷藏库、调料库、饮料库）、非食品库房、办公用房及工作人员更衣间、淋浴间、卫生间、清洁间、垃圾间、值班室等组成，上述空间可根据实际需要选择设置，并可根据需要增添、删除或合并在同一空间。

辅助区域与公共区域、用餐区域、厨房区域共同组成了乡镇餐饮建筑的四大组成部分，它虽没有其他区域重要，但也不可或缺，并应与厨房区域有紧密联系，与公共区域和用餐区域有联系，且互相独立，可通过门、走廊等实现不同区域的分隔与联系。

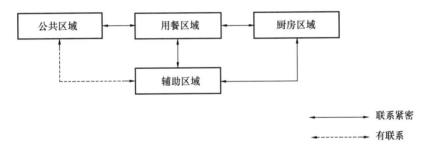

图 2-16 餐饮建筑基本功能构成图
（图片来源：《建筑设计资料集》）

乡镇餐饮建筑内的食品库房指主、副食品库房、蔬菜库、干货库、冷藏库、调料库、饮料库等，在空间布局上应与厨房各加工制作区域邻近。非食品库房指除主、副食品以外的食品容器、包装材料、食品加工工具、餐厅家具、杂品等库房，空间布局相对灵活。食品库房和非食品库房（不会导致食品污染的食品容器、包装材料、工具等物品除外）应该分开设置。

清洁间指用来存放室内外环境清扫用具的房间，餐具的清洁用具存放应在厨房区域内另行解决。

垃圾间是指用来短暂存放食材加工废弃物和餐后残留物的房间。

由于经营规模、档次、经营方式、经营品类的不同，不宜对乡镇餐饮建筑辅助部分各空间的具体组成、面积、设施等作具体要求与统一规定，可以根据实际需要选择设置。

2. 辅助区域设计要点

1）功能流线应组织合理，方便炊事人员及管理人员顺畅到达工作岗位，避免人员及垃圾和食材交叉。更衣间、卫生间应在厨房工作人员入口附近设置，炊事人员、服务人员入口应与顾客入口分开设置。

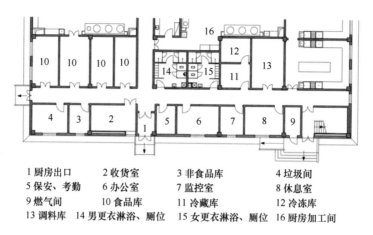

图 2-17 辅助区域示例
（图片来源：《建筑设计资料集》）

1 厨房出口　　　2 收货室　　　　3 非食品库　　　4 垃圾间
5 保安、考勤　　6 办公室　　　　7 监控室　　　　8 休息室
9 燃气间　　　　10 食品库　　　　11 冷藏库　　　　12 冷冻库
13 调料库　　　14 男更衣淋浴、厕位　　15 女更衣淋浴、厕位　　16 厨房加工间

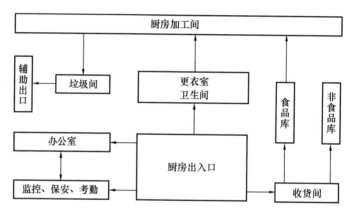

图 2-18 辅助区域流线示意图
（图片来源：《建筑设计资料集》）

2）食品库房宜根据食材和食品分类设置，并应根据实际需要设置冷藏及冷冻设施，设置冷藏库时应符合现行国家标准《冷库设计规范》GB 50072—2021 的相关规定。

由于食材和食品种类繁多，为避免食材和食品产生霉变、腐烂、串味，甚至互相污染等现象，宜根据食材和食品的性质分别设置库房。市场中冷藏、冷冻设施的种类比较多，有条件针对不同的食品和储藏要求选用不同种类的冷藏设施甚至设置专用冷库。

食品库房天然采光时，窗洞面积不宜小于地面面积的 1/10。食品库房自然通风时，通风开口面积不应小于地面面积的 1/20。

（1）干货库房

主要用于存放粮食、调料、干菜等。

① 库房位置应方便进货，并应与制作间联系方便；

② 库房应设有良好的通风、防潮、防鼠、防虫、防火及安全等设施，不得存放有毒、有害物品及个人生活用品；

③ 室内墙面、地面应选用易清洁的材料；

④ 干菜库存放形式为架存。

（2）鲜货库房

主要用于存放植物性食品（蔬菜、水果）、动物性食品（肉类）、水产品（鱼类、海鲜）等。

① 动物性食品、水产品应储存在冷藏库（柜）中，冷藏库（柜）的门不宜朝向热源方向；

② 冷藏、冷冻（库）柜储存应做到原料、半成品、成品严格分开，植物性食品、动物性食品和水产品分类摆放；

③ 冷藏、冷冻的温度应分别符合相应的温度规范要求，冷冻温度通常为$-12 \sim -18℃$，冷藏温度通常为$0 \sim 10℃$；

④ 蔬菜多为当日处理，若设库应采用架存，应注意通风和防晒，或存放于冷藏库（柜）中。

（3）饮品库房

主要用于存放酒类各类饮料。

① 饮品库房仅与进货口和付货口联系，与厨房其他部位无直接关联。位置要求不高；

② 少量饮品可储存于备餐间、调料库。量大时饮料应储存于冷藏库中，酒类宜存放于地下室或地窖中。

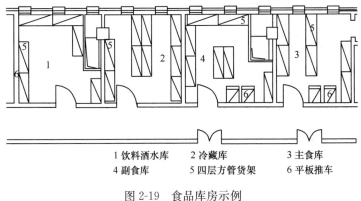

1 饮料酒水库　　2 冷藏库　　　3 主食库
4 副食库　　　　5 四层方管货架　6 平板推车

图 2-19　食品库房示例

（图片来源：《建筑设计资料集》）

3）炊事人员和管理人员办公、休息、会议等用房按需设置，有些办公室可与其他行政办公用房合用。

4）工作人员更衣间应邻近主、副食加工场所，宜为独立隔间，宜按全部工作人员男女分设，更衣柜宜设储物柜和衣物悬挂储存两部分。更衣间入口处应设置洗手、干手消毒设施。为保证卫生安全，辅助区常采用非手触动式水嘴开关，主要包括脚踏式、肘动式、感应式等。

5）淋浴间可以按照实际需要进行选择设置。

淋浴间地面、墙面、小便槽墙面均应防水，淋浴间地面应设防水层、墙面设高度不小于2.0m的防水层，小便槽墙面设高度不小于1.2m的防水层。

6）辅助区域应按全部工作人员最大班人数分别设置男、女卫生间，卫生间应设在厨房区域以外并采用水冲式洁具。卫生间前室应设置洗手设施，宜设置干手消毒设施。前室

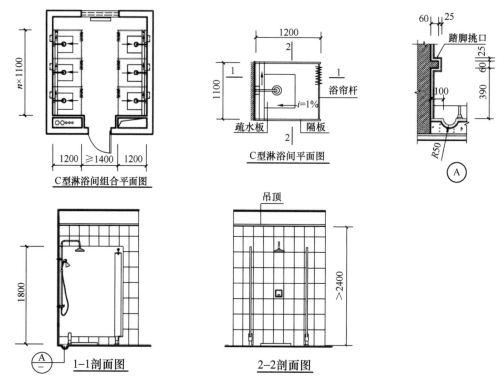

图 2-20　淋浴间示例
（图片来源：《公共建筑卫生间图集》）

门不应朝向用餐区域、厨房区域和食品库房。卫生设施数量应符合现行行业标准《城市公共厕所设计标准》CJJ 14—2016 的规定。

7）清洁间和垃圾间应合理设置，不应影响食品安全，其出口与原料出入口、就餐人员出入口应分开设置，并应与厨房粗加工区和洗消间紧密联系，其室内装修应方便清洁。

垃圾间位置应方便垃圾外运，垃圾间内应设置独立的排气装置，垃圾应分类储存、干湿分离，厨余垃圾应有单独容器储存废弃物容器，并应以坚固及不透水的材料制作，并应配有盖子，防止污染食品、水源及地面，防止有害动物的侵入，防止不良气味或污水的溢出，内壁应光滑以便于清洗。

用于乡镇餐饮建筑室内外环境清扫、清洗和消毒的设备、用具，以及相关的洗涤剂、消毒剂等均应放置在清洁间内妥善保管，而食材加工的废弃物和用餐残留物应在垃圾间内按相关卫生规定暂存待运出。中、小型饮食建筑无条件设置清洁间和垃圾间的，应该采取其他有效替代措施，如设置垃圾收集区，采用结构密闭的废弃物临时集中存放设施。

3. 实例分析

以沈阳筷道（餐饮世贸店）为例，辅助区域主要位于地下一层东北侧，紧靠西北侧的厨房区域。邻近工作人员出入口交通核心的位置设置了卫生间，男女分设，卫生间前室空间设置了洗手设施和干手消毒设施，前室门开向了走廊，未朝向用餐区域、厨房区域和食品库房；紧靠着卫生间设置了更衣室，且邻近主、副食加工场所，方便工作人员的使用，均为独立隔间，且按全部工作人员男女分设；邻近更衣室设置了杂物间及布草间，可供各项非食品的存储及工作人员衣物等的清洗；食品仓库及高、低温冷库的位置邻近主食及副食加工间，更好地为厨房区域服务；办公室设在了厨房区域和辅助区域的交接处，到达每个区域都非常的便捷，为更好的管理提供了便利。

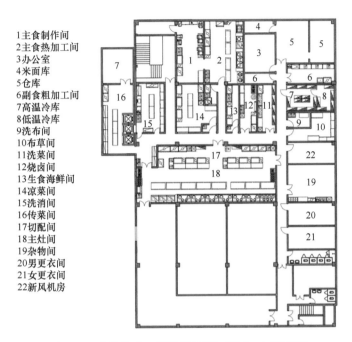

1 主食制作间
2 主食热加工间
3 办公室
4 米面库
5 仓库
6 副食粗加工间
7 高温冷库
8 低温冷库
9 洗布间
10 布草间
11 洗菜间
12 烧卤间
13 生食海鲜间
14 凉菜间
15 洗消间
16 传菜间
17 切配间
18 主灶间
19 杂物间
20 男更衣间
21 女更衣间
22 新风机房

图 2-21 沈阳筷道（餐饮世贸店）地下一层平面图
（图片来源：《建筑设计资料集》）

4. 小结

本小节主要讲述了辅助空间的定义及设计要点，并结合具体实例进行阐述。辅助区域虽没有其他区域重要，但也不可或缺，只有合理布置了食品库房、非食品库房、办公用房及工作人员用房等，才能更好地为公共区域、用餐区域、厨房区域等服务。

2.3.5 室内空间

1. 类型

餐饮建筑特色可以按照不同方式分类：

1) 按服务项目内容的不同，可以分为餐厅、酒吧、咖啡厅及茶艺馆。

2) 按地域的不同，可以把餐厅分为中餐厅、西餐厅、日料厅等。另外，许多国家和地区生活着不同的民族，不同民族又各有自己的餐厅，如我国的中餐厅还包括傣族餐厅、藏族餐厅和清真餐厅等。

一般意义上的地域性餐厅，多指同一国家或民族但地域不同的餐厅，如东北餐厅、四川餐厅、湖南餐厅、青海餐厅等。地域性餐厅有时可能与按菜系划分的餐厅相重叠，如我国有京、粤、川、湘、鲁、淮扬等菜系。而这里所说的菜系也可能直接纳入餐厅的名称，如某粤菜馆、某川菜馆或某湘菜馆等。

3）按不同主题划分餐饮建筑的类型，结果可能更加多种多样，如文学类、历史类、名人类、自然风光类、重大事件类及健康保健类等。于是，便可能出现咸亨酒店、农家餐馆、足球酒吧等特性更加突出的类型。

4）按烹调方式及供应方式分类，如正餐厅、快餐厅、自助餐厅、火锅餐厅及烧烤餐厅等。

在室内设计实践中，室内设计师大多强调环境的风格与特色。因此，他们会更加注重餐饮空间的主题、民族性和地域性。

2. 中餐厅的装修

中餐厅的装修，宜有中国特色，但同时又要考虑民族、地域、菜系等因素。

中餐厅装修的基调应该是喜庆和祥瑞。因此，色调往往偏暖，气氛大多华丽，甚至要有一些"张灯结彩"的意思。装修材料以石材、砖、瓦、木、竹、玻璃等为主，应重视材料本身的质地和色泽。中餐厅的顶棚，常被装修成井格式，并带有明清建筑井格顶棚的痕迹。除多用木材饰面外，有时还饰以或简或繁的彩画。

有些空间特别是包房，模仿中国古代民居"彻上明造"的做法。就是不做顶棚，将梁架、望板、椽条、桁檩、斗栱等直接暴露于视野之内。这些木构架古朴典雅，能够给人以返璞归真的感觉。

中餐厅的墙面，可以局部采用仿古青砖、瓦等材料。有些包房墙的下部用青砖，上部为软心粉皮墙呈白色，接近顶棚处局部使用拔檐效果的黑瓦檐口，能让人联想到清新典雅的民居。

中餐厅的空间分隔物可首选带有中国传统风味的槅扇、罩、屏风、花格与帷幕等，也可用什锦窗等装饰墙面。地面色彩以暗一些为宜，以适合人们"上轻下重"的习惯。

在中餐厅中采用具有中国韵味的装修，是一个合乎逻辑的做法。但这并不是说中餐厅必须都是仿明的或仿清的，都要用大红圆柱、井格顶棚和宫灯。如果这样，中餐厅的装修就必然千篇一律，形成一个定式，成为一个陈腐的套路。设计师应该认识到，反映中国文化的方法是很多的，要在方法上加以创新，使中餐厅的室内设计，既是中式的又是现代的。

3. 家具及陈设

餐饮空间的陈设设计是对整个空间组织的再创造，家具陈设不仅具有自身的功能性，更关键的是对于整个环境氛围的营造具有重要的意义。各陈设要素需要和谐统一，有机结合在一起，从家具的样式到陈设饰品的风格以及织物的纹样、色彩，都需要有所呼应，以对应和贯穿整个空间的品位。

1）家具的选择

家具的选择根据不同类型的空间而不同。比如，中式风格的餐厅一般需选用具有传统中式风格家具。而西式风格的餐厅既可以选择西方古典样式的家具，来营造符合餐厅总体风格的空间氛围；也可以选择具有现代感的家具，体现时尚、浪漫、优雅的感觉。酒吧、冷餐台是西餐厅特有的陈设。所以餐厅在家具的选择上需要特别注意。

（1）家具的作用

① 空间分隔

利用家具来分隔空间，减少墙体，提高空间通透感，使空间变得开敞、富有情趣。比如，在餐饮空间中，经常会利用格栅、架等半私密、半通透家具来分隔空间。

② 空间组织

家具可以成为区域空间的视觉中心，潜移默化地把空间组织成若干个相对独立的部分，使它们各自具有不同的使用功能。在酒店与餐饮空间中可以通过家具的布置来巧妙地组织人流通行的路线，满足人们多种活动和生活方式的需求。

③ 营造气氛

家具在空间环境气氛和意境的营造上具有重要的作用。不同形态的家具、材质、风格的家具都具有各自的特点，所以需要根据空间的需要来进行选择。比如，体型轻巧、外形圆滑的家具能给人轻松、自由、活泼的感觉，可以用来营造休闲的氛围；竹制家具具有一种乡土气息，适宜营造质朴、自然、清新、秀雅的室内气氛；使用珍贵木材和高级面料制造的家具，配上雕花图案和艳丽的花色，完全称得上是高贵、华丽、典雅的代言。

（2）家具的类型

家具的类型很多，在酒店与餐饮空间中常见的有木质家具、金属家具、塑料家具和竹藤家具等。

① 木制家具

木制家具是目前市场上的主流家具，不论在酒店的大堂、客房还是餐饮空间中使用率都是很高的。这是因为木制家具取材天然、纹理自然、造型多样、经久耐用、手感润滑且具有很高的艺术价值和观赏价值。

② 金属家具

金属家具是指家具整体由金属材料制成或骨架由金属材料制成，其他部分用别的材质（如木材、玻璃、塑料、石材、布料等）。金属家具简洁大方、时尚感较强，适用于营造现代气息浓郁的酒店和餐饮空间。

③ 塑料家具

塑料家具是以塑料为基本材料制成的家具。塑料家具质轻、耐高温、造价低、制作方便、表面光洁、颜色多样，所以在酒店与餐饮空间的公共部分使用率占很大比例。

④ 竹藤家具

竹藤家具是以竹、藤编制而成的家具，广泛用于酒店的阳台、室外空间。竹藤家具质轻、弹性较大、易于编制、造型多样，相比木质家具更为轻巧，乡土气息也更加浓厚。

（3）家具选择的原则

① 确定家具的种类和数量

在家具的选择上，首先要满足使用功能。要先确定空间的使用功能、人数等因素。比如，酒店客房最主要的使用功能是睡觉，根据这个功能来配置相应的家具。家具的布置宁少勿多，尽量留出空余的地方，避免拥挤和杂乱。

② 选择合适的款式

在选择家具时需要考虑空间的性质，比如在酒店的大堂中，沙发的选择要考虑一定的气度，而且家具的款式应与周围环境相协调。还要注意家具的选择与组合应符合人体工程学的要求。

③ 选择适合的风格

家具的风格主要是由它的造型、色彩、质地、装饰等因素决定的。家具的风格关系到整个空间的效果，所以不同的空间环境要选择不同的家具风格。

主要的风格有中式风格、东方风格、现代风格、西方古典风格、乡镇风格等。

④ 确定合适的布局

家具的布置在构图上要注意主次、聚散等形式问题。布置家具时可以以部分家具为中心来布置其他家具，也可以根据功能和构图把家具分成若干组。

家具的格局可以有规则和不规则两种。在接待厅、会议厅和宴会厅等较为严肃庄重的场合多使用规则式、对称式。在休息空间和客房等大多使用不规则式，使空间气氛活泼、自由，富有变化。

2）陈设品的选择

陈设品是指除了固定的墙面、地面、顶面、建筑构件、设备外一切实用和观赏的物品，主要包括灯具、织物、装饰品、日用品和植物等，它们是室内环境的重要组成部分。在酒店与餐饮空间中，陈设品在组织空间、美化环境、渲染环境气氛等方面都起到重要的作用。

在陈设品的选择上也需要在风格、造型、色彩和质感等方面精心推敲，挑选能反映空间意境和特点的陈设品，注意格调统一、比例合适、色彩与环境协调等。陈设品的题材、构思、色彩、图案和质地等都需要服从空间环境的安排。

（1）陈设品的风格

陈设品风格的选择需要与室内风格相协调，这样可以使空间看起来更加整体、协调、统一。还可以选择与室内风格相对比的陈设品，利用对比可以使空间更加生动、活泼、有趣。但要注意使用的度，少而精的对比才有效果，否则会产生杂乱之感。

（2）陈设品的造型

陈设品造型千变万化，可以丰富室内空间的视觉效果。在设计中需要巧妙运用陈设品丰富的造型，采用统一或对比等设计手法，营造生动丰富的空间效果。

（3）陈设品的色彩

陈设品的色彩在室内环境中的影响比较大，因为陈设品在空间中通常是属于被强调部分，是视觉的中心。对于较为平淡的空间，陈设品需要选择较为鲜亮的颜色，起到点缀的作用。对于床单、窗帘等大面积的陈设品则可选择与背景相协调的颜色，使整个空间看起来更加和谐。

（4）陈设品的质感

陈设品质感的选择应从室内整体环境出发。不同的陈设品质感不同，木制品的自然、金属品的光洁坚硬、石材的粗糙、丝绸的细腻等，只有了解各材料的质感，才能在设计时按照空间的需要来选择。如果统一空间采用统一质感的陈设会产生统一的效果，但是陈设品与背景材料的质感有对比则更可以显示出材料本身的质感。

3）不同空间的陈设布置

在不同的空间中，陈设布置会有所不同。因此，需要考虑一定的原则和方式：

第一，陈设布置需要遵从空间环境的主题，与室内整体环境相协调。

第二，陈设布置的构图要均衡，与空间的关系也要合理。

第三，陈设的布置要有主次，这样才能使整个空间层次更加丰富。

第四，在陈设品摆放时需要注意视觉效果，便于人们欣赏到陈设品优美的姿态。

4）餐饮空间设计的陈设布置

装饰陈设是餐饮空间设计后期的一个重要组成部分，从家具样式到艺术品的风格以及织物的纹样、色彩相互呼应统一，都可以提高餐厅的文化氛围和艺术感染力。

灯饰是餐饮空间中陈设设计的重点部分。灯饰配置首先是供给餐厅室内活动所需的基本照度。其次照明和灯饰在营造气氛，突出餐饮空间的重点、亮点、划分空间、制造错觉和调整气氛等方面有着不可忽视的作用。

餐饮空间设计题材和艺术创意的手法非常广泛，餐饮的种类也很多。不同类型、不同档次的餐饮空间设计中家具和陈设品的选择都应有所不同。例如，在传统风格的中式餐饮空间中，中国的青铜器、漆艺、彩陶、画像砖以及书画都是最佳的装饰品；在主题风味餐厅中可选用有浓郁地方特色的装饰品。经营民族特色菜的餐饮空间常用刺绣、蜡染、剪纸等，显示独特的民俗风味。现代风格的则需要多陈设一些简洁、抽象、工业感较强和现代风格的装饰艺术品。

4. 实例分析

1）某饮食会所

考虑到消费者对文化审美的认同感，本项目在设计上选用了中式元素，为了不使设计看上去保守沉闷，设计师在元素的排列方式上进行了大胆调整，打破了传统元素中规中矩、讲究对称、缺乏变化的规则限制。利用布局对设计语言重新进行整合，在不失韵味的前提下，让项目空间更具活力和时尚感。

图 2-22　门厅

（图片来源：《餐饮哲学》）

　　餐厅入口接待区的屏风装饰，为整个就餐环境的开场起到了提纲挈领的作用。简洁的形式通过自由灵活的开合处理，起到装饰作用的同时，也满足了功能需要。接待区地面用青石板铺设，用青石板天然的纹理与整体空间略带古韵的风格呼应。一层开放式就餐区地面也用了同样材质，但铺设却不相同，石板经切割成条，以南方园林设计中常见的人字形拼花铺设，将传统中对户外景观环境的包含意味引入室内。

图 2-23　门厅地面铺装
（图片来源：《室内设计师　城市酒店》）

图 2-24　装饰符号
（图片来源：作者自摄）

　　整个空间大量绿色元素的使用，从视觉感受上更直接地传递了"健康饮食"的主旨，空间中大量陈列的花草植物，大面积仿真草皮装饰于墙面，水景游鱼的景观设计，以及开放式就餐区顶部的松果吊顶设计，都以最直接的可见方式，将关怀自然的理念呈现在食客面前。

　　由于整体造价有限，以及市场上适合的装饰画种类有限，作为后期陈设中重要的装饰画部分，最终决定由设计团队亲自进行创意，并现场进行加工制作。项目中的所有家具也是按项目的风格需要专门定制。配饰品方面，因为是专业的真品收藏，品相非常好，提高了整个空间的品质和文化层次。

图 2-25　餐厅装饰
（图片来源：《室内设计师　城市酒店》）

图 2-26　装饰实景
（图片来源：《室内设计师　设计酒店》）

布艺作为后期陈设的主要构成，在空间环境营造中也起到很重要的作用。窗帘选用的半透纱质面料，没有像普通餐厅设计那样用双层来柔化建筑空间，设计中考虑到建筑大部分空间位于背阴的朝向，为保证空间内充足的光线和通透感，只做了单层窗纱的纯装饰和使用双色处理。布艺的色彩选择主要以暗红色为主，承袭的是中国文化中对红色的重视和审美认同感。由于空间主要呈现暖灰色调，作为提神之笔，暗红不会像正红那么艳丽，呈现的是庄重且沉稳的色彩情绪，作为宴请空间的色彩更显大气。

图 2-27　布艺装饰

（图片来源：《室内设计师 新税设计》）

图 2-28　布艺室内装饰

（图片来源：《室内设计师 城市酒店》）

2）某烤鸭店

现代的中式是本案的设计主题，对于传统中式厚重严谨的设计规则和视觉元素，这里不作过多提倡，而是意在加入亲民的休闲气息。贴合传统的老北京烤鸭主题，空间的色调氛围尽量贴近淳朴，材料的应用尽可能地还原自然，大面积使用了从建筑中回收的老榆木，翻新后保留了其天然的肌理效果，配合青石板铺装的地面，呈现出质朴的效果。

图 2-29　中庭
（图片来源：《餐饮哲学》）

该案例在设计上更注重其所在地区的中国乡镇文化背景，又需要对饮食的文化气氛加以强调，并不失时代感。

图 2-30　大堂
（图片来源：《室内设计师　中国室内设计新浪潮》）

后期陈设的前提主要体现在满足空间需求。具体实现中因考虑到店内客流量较大，配饰设计方案多集中于墙面和屋顶空间，避免配饰因摆放于人流穿梭的通道台面而产生的人为碰撞而导致损坏。主要的配饰也都尽量与空间使用的功能结合起来，如灯的造型设计，及墙面和顶部空间简单而有效的装饰。

图 2-31　家具陈设
（图片来源：《室内设计师 中国室内设计新浪潮》）

图 2-32　就餐空间
（图片来源：作者自摄）

图 2-33 陈设

（图片来源：《室内设计师 改造》）

3）某中餐馆

本案通过对石材、木饰面等装饰材料的运用，在这个简单结构的现代空间中打造出了稳重、高贵的环境氛围，并通过对陈设物品的精心选择，呈现出以文化吸引人、以环境打动人的完美效果。接待区弥漫着古色古香的韵味，以传统中式的经典元素迎接着客人。

透过月亮门向内观望，幽静的通道吸引人深入静谧的古韵之中，却也暗含着时尚感；不锈钢饰面的使用，为经典的月亮门造型添加了现代元素。

图 2-34 中式月亮门

（图片来源：《餐饮哲学》）

　　卡座区与散座区相接，通过材质和色彩的巧妙运用，将现代风格的设计手法融入古典的环境之中。幽静的通道将散座区的"动"与包房区的"静"分隔开，几盏红灯搭配顶棚部分的局部光源，通过光影变幻，烘托着各自区域的气氛变化。

图 2-35　大堂
（图片来源：作者自摄）

图 2-36　大堂等候区
（图片来源：作者自摄）

　　4）某盐帮菜馆

　　本案的原建筑已经非常老旧，首先需要面对的就是改造整体建筑，拆改掉大部分结构后，根据餐厅空间设置，再加出二层空间，从而在整体建筑上完成一体的风格改造。

图 2-37　用餐空间
（图片来源：作者自摄）

图 2-38　大堂
（图片来源：《印象东方》）

　　因为本案深藏在其他建筑之后，所以在最初设计时便考虑到深宅大院的风格，参照徽州建筑形式，将建筑外墙拔高，增加了整体建筑的气势。在室内部分，利用徽派建筑的风格，与四川盐帮菜系相结合。

　　在内部空间的划分上，依照传统园林设计，提炼出步步为景的设计手法，在不同的空间中又有连贯性，使用餐者在视觉上得到享受。

图 2-39　包房

（图片来源：《室内设计师 中国室内设计新浪潮》）

　　本案中所经营的菜系属于宫廷菜落地的形式，所以在包间的设计上以营造古典气氛的高贵之感为主，但又添加些许民间的老物件，或是原木作装饰。

图 2-40　木作装饰

（图片来源：《室内设计师 改造》）

5．小结

1）餐饮建筑室内空间以不同方式分类概述。

2）室内空间的家具及陈设，是对整个空间组织的再创造。

2.3.6　造型、环境及其他

1．造型

1）造型是内部空间的反映

外部体形是内部空间的反映，而内部空间，包括它的形式和组合情况，又必须符合于功能的规定性，这样看来，建筑体形不仅是内部空间的反映，而且它还要间接地反映出建筑功能的特点。只有把握住建筑的功能特点，并合理地赋予形式，才能充分地表现出建筑物的个性，建筑形式才能多样、丰富、不再千篇一律。

2）建筑的个性与性格特征的表现

各种类型的公共建筑，通过体量组合处理往往最能表现建筑物的性格特征。这是因为不同类型的公共建筑，由于功能要求不同，各自都有其独特的空间组合形式，反映在外部，必然也各有其不同的体量组合特点。功能特点还可以通过其他方面得到反映，例如墙面和开窗处理就和功能有密切的联系。

3）体量组合与立面处理

（1）主从分明、有机结合

体量组合，要达到完整统一，最起码的要求就是要建立起一种秩序感。传统的构图理论，十分重视主从关系的处理，特别是对称形式的建筑，体现得最明显。不对称的体量组合也必须主从分明，所不同的是，在对称形式的体量组合中，主体、重点和中心都位于中轴线上，在不对称的体量组合中，组成整体的各要素是按不对称均衡的原则展开的，因而它的重心总是偏于一侧。明确主从关系后，还必须使主从之间有良好联结。有机结合就是指组成整体的各要素之间，必须排除任何偶然性和随意性，而表现出一种互为依存和互相制约的关系，从而显现出一种明确的秩序感。

（2）体量组合中的对比与变化

体量组合中的对比作用主要表现在三个方面：①方向性的对比；②形状的对比；③直与曲的对比。最基本和最常见的是方向性的对比。所谓方向性的对比，即是指组成建筑体量的各要素，由于长、宽、高之间的比例关系不同，各具一定的方向性，交替地改变各要素的方向，即可借对比而求得变化。由不同形状体量组合而成的建筑体形，可以利用各要素在形状方面的差异性进行对比以求得变化。在体量组合中，还可以通过直线与曲线之间的对比而求得变化。这两种线型分别具有不同的性格特征：直线的特点是明确、肯定，并能给人以刚劲挺拔的感觉；曲线的特点是柔软、活泼而富有运动感。

（3）稳定与均衡的考虑

所谓稳定的原则，就是像金字塔那样，是下部大、上部小的方锥体。在体量组合中，均衡也是一个不可忽视的问题，不论是传统的建筑或近现代建筑其体量组合都应当符合均衡的原则。

（4）外轮廓线的处理

外轮廓线是反映建筑体形的一个重要方面，给人的印象极为深刻，特别是当人们从远处或在晨曦、黄昏、雨天、雾天以及逆光等情况下看建筑物时，由于细部和内部的凹凸转折变得相对模糊，建筑物的外轮廓线则显得更加突出。为此，在考虑体量组合和立面处理时，应当力求具有优美的外轮廓线。

（5）比例与尺度的处理

建筑物的整体以及它的每一个局部，都应当根据功能的效用、材料结构的性能以及美学的法则而赋予合适的大小和尺寸。在设计过程中，首先应该处理好建筑物整体的比例关系。和比例相联系的是尺度的处理。这两者都涉及建筑要素之间的度量关系，所不同的是讨论各要素之间相对的度量关系，而尺度讨论的则是各要素之间的绝对的度量关系。整体建筑的尺度处理包含的要素很多，在各种要素中，窗台对于显示建筑物的尺度所起的作用特别重要，这是因为一般的窗台都具有比较确定的高度（1m左右），它如一把尺，通过它可以"量"出整体的大小。其他细部处理对整体的尺度影响也是很大的，在设计中切忌把各种要素按比例放大。

（6）虚实与凹凸的处理

虚与实、凹与凸在构成建筑体形中，既是互相对立的，又是相辅相成的。虚的部分如窗，由于视线可以透过它而及于建筑物的内部，因而常使人感到轻巧、玲珑、通透；实的部分如墙、垛、柱等，不仅是结构支撑所不可缺少的构件，而且从视觉上讲也是"力"的象征。巧妙地处理凹凸关系将有助于加强建筑物的体积感。

（7）墙面和窗的组织

墙面处理不能孤立地进行，它必然要受到内部房间划分、层高变化以及梁、柱、板等结构体系的制约。组织墙面时必须充分利用这些内在要素的规律性，而使之既美观又能反映内部空间和结构的特点。在墙面处理中，最简单的一种方法就是完全均匀地排列窗洞，有相当多的建筑由于开间、层高都有一定的模数，由此而形成的结构网格是整齐规律的。此外，还可以把窗洞成双成对地排列。某些建筑物的墙面处理，并不强调单个窗洞的变化，而把重点放在整个墙面的线条组织和方向感上，这也是获得韵律感的一种手段。

（8）色彩、质感的处理

对于建筑色彩的处理，似乎可以把强调调和与强调对比看成是两种互相对立的倾向。色彩处理和建筑材料的关系十分密切。色彩的对比和变化主要体现在色相之间、明度之间以及纯度之间的差异性，而质感的对比和变化则主要体现在粗细之间、坚柔之间以及纹理之间的差异性。质感处理，一方面可以利用材料本身所固有的特点来谋求效果，另外，也可以用人工的方法来"创造"某种特殊的质感效果。

（9）装饰与细部的处理

就整个建筑来讲，装饰只不过是属于细部处理的范畴，在考虑装饰问题时，一定要从全局出发，而使装饰隶属于整体，并成为整体的一个有机组成部分。为了求得整体的和谐统一，建筑师必须认真地安排好在什么部位做装饰处理，并合理地确定装饰的形式，纹样、花饰的构图，隆起、粗细的程度，色彩、质感的选择等一系列问题。装饰纹样图案的题材，可以结合建筑物的功能性质及性格特征而使之具有某种象征意义。建筑装饰的形式是多种多样的，除了雕刻、绘画、纹样外窗等都具有装饰的性质和作用，其他如线脚、花格墙、漏窗等都具有装饰的性质和作用，对于这些细部都必须认真地对待并给予恰当的处理。

2. 环境及其他

现代人们对于饮食文化越来越重视，不仅是追求简单的"填饱肚子"，已经逐步地发展到在吃饱的基础上，额外地去追求如何"吃得好"，这里的"吃得好"有对于菜品的要求，同时也有更多对于就餐环境的要求，追求就餐档次、休闲环境等深层次的、精神上的需求。随着我国人民生活水平的不断提高，人们对精神生活层面的需求也越来越强烈。现代的餐饮建筑无论是城市的各种美食餐厅抑或是乡镇风俗的特色餐馆，就餐环境的营造能更好地满足人们内心对美的一种追求，这也成为现代餐饮行业是否成功的一个重要判定标准。

在餐饮建筑规划设计过程中，要充分考虑项目所在地的环境营造，包括自然环境和人造环境，餐饮建筑可与基地周边的山、水、花、草等和谐共生，在充分地尊重自然，保护河湖、林地、绿地的基础上，达到建筑与自然环境的完美融合，人与自然完美融合，从而创造出依托于自然但又优于自然的美好环境，来满足人们的就餐精神需求，从而达到更高层次的精神共鸣。

1）对餐饮建筑环境的需求

人们在就餐的过程中都希望有一个好的就餐环境，好的环境能够激发好的心情，进而能促进进餐的欲望，愉悦自己、愉悦他人，增加食欲、促进消化。所以说餐饮建筑营造好的、舒服的一个环境，不但使人在身体上、生理上，在情感上、精神上也有特殊的享受。让人能够在环境中看得见建筑，建筑中看得见环境，在环境中设计建筑，在建筑中创造环境，以此作为餐饮建筑设计过程中的指导原则。

人们身处一境时，好的环境能够激发人们对声音、色彩、结构、气味、形状等感觉的思考和认知，这些独有的环境特征一定能够突出饮食建筑的特色，并且使人们能够依靠这种认知进一步去感悟"世界"，思考人与环境的关系。例如美国的许多餐饮建筑，都是以浓色彩作为主色调，体现了美国人豪爽、乐观的性格；欧洲的许多餐饮建筑，则以浅色调为主，体现了他们含蓄稳重的性格；中国地域辽阔，地大物博，各地气候、物产、风俗习惯都存在着差异，且各地文化差异较大，长期以来，在饮食以及餐饮建筑上也是风格迥异。

2）餐饮建筑与环境设计原则

餐饮建筑与周边环境和餐饮的文化氛围协调，将"文化"融入环境中，营造一种意境，吸引顾客注意并去消费。环境的设计，既要考虑餐饮的地理位置、建筑风格、周边条件等已经形成的难以改变的空间，又要将餐桌摆设、装饰艺术、文化表演、服务特色、餐饮管理等可以改变的物质及服务，巧妙引入既有环境中，做到环境保护，环境富有文化内涵，满足人与自然的双重需要。建筑设计与环境协调统一的主要原则如下：

（1）适应、节约原则

在设计餐饮建筑时，应从环境的整体出发，通过不断完善自身构成要素以适应外部客观条件。不仅要适应周围的自然地理环境，也应该适应当地风俗文化和特色人情环境。设计应该充分考虑和利用周围的环境条件，设计并建造出符合可持续发展观念的餐饮建筑。同时在设计时应倡导节约的原则，提倡建筑设计只追求符合人们的行为习惯和审美心理的尺度即可，杜绝大排场、大规模、豪华型的环境建设，合理、高效地使用环境资源，落实可持续发展的指导方针。

（2）以人为本原则

以人为本，具有亲和力的设计才能让人们感觉到很温暖、很亲切、很熟悉，没有陌生感和距离感，使人们有一种宾至如归的感觉。这就要求餐饮建筑中的环境景观要素要符合人们的观赏和使用习惯，同时要弱化生硬的建筑对环境的影响。同时也应该考虑使用人群的生理和心理需求，进行人性化设计并体现出环境的人文精神和人文关怀。

（3）协调统一原则

今天，对于世界多元文化融合交流的今天，必须保持一种博采众长、兼并包容、创新求变的态度。在建筑设计创作过程中，不仅要吸取传统文化、地域文化、外来文化等的精髓，创造出满足现代人们的使用要求、符合社会发展要求的建筑本体设计和外环境作品，而且要对设计场地所处地域的人文历史、地理环境、传统风俗、现代生活等诸多要素进行充分考虑，运用现代的设计手法加以诠释，创造出既能融入历史人文，又体现现代思想的新型餐饮建筑环境，从而满足人们对高质量饮食环境的要求。

通过以上设计原则的分析，建筑方案设计时要充分考虑相关自然环境因素，做到以下几点：

① 充分利用建筑场地周边的自然条件，保留和利用原有的地形、地貌、植被和自然水系等相关的一系列自然条件，同时更应该注重保持当地建筑历史特色以及人文等与景观合理有效的连续。

② 在建筑选址时，建筑物的朝向、布局、空间形态等各个方面，要充分考虑当地气候特征和生态环境。

③ 在设计建筑风格时，要充分考虑建筑规模和周围环境保持协调。

④ 尽可能减少对自然环境的负面影响，如减少有害气体、废弃物的排放、光和噪声的污染，减少对生态环境的破坏。

⑤ 建筑环境设计时，应充分合理地考虑使用者的需求，努力创造优美和谐的环境。

⑥ 强调高效节约，不能以降低生活质量，牺牲人的健康和舒适为代价。

⑦ 提高建筑室内舒适度，改善室内环境质量，降低环境污染，满足人们生理和心理的需求。

⑧ 同时为人们提高工作效率创造条件。

3）餐饮建筑中环境设计产生的效益

餐饮建筑中环境设计的好坏直接决定了经济回报的多少。依靠这种"以观养园"的经营方针，越来越多地被经营者采用，同时也被消费者接受。餐饮建筑存在的意义不仅是它能够给地方经济和餐饮建筑经营者带来较大的经济价值，同时它所产生的社会价值也是不容小视的。能够方便食客，周边居民以及其他游客，同时也是一个地区对外宣传的名片，对宣扬本地区文化特色和风俗民情起到十分重要的作用。同时餐饮建筑的良好环境也能彰显浓厚的自然气息和生活气氛，展现了安详、友谊、和平的欢乐世界，体现了人类共同的美好感受，使身临其境的人们增加了社会安全感和幸福感。这是人与自然和谐共存的完美写照，也是符合可持续发展的战略目标。

4）餐饮建筑与环境设计不足之处

餐饮建筑设计时，在设置室外餐饮露台的同时，在充分考虑地域、气候条件下，也不能忽略建筑内部空间环境的营造，更不能因为室外餐饮露台的使用而影响了室内餐饮空间对室外优美环境的借鉴，不能顾此失彼，而是应该让室内环境和室外环境成为一个完美结合的有机整体。彼此相互衬托，相互影响。餐饮建筑中的厨房区、备餐区经常会产生大量的废弃物和污染物，从而对周围的环境产生非常大的影响。由于废弃物和污染物的处理费用较高，导致污水直接排出、油烟直接排放、垃圾随处堆积等，严重地威胁和破坏了周边的环境。没有详细地调查潜在顾客来源以及数量，盲目地设置餐位，导致顾客稀少而餐位空空，严重浪费资源。过度地追求奢华和大规模，导致资源的浪费和对环境的威胁。一味地抄袭、模仿，没有自己的创新和特色，达不到吸引顾客的目的。

第三章
设计教学过程解析

■ 3.1　田园式建筑设计教学过程解析

■ 3.2　旅游文化类建筑设计教学过程解析

■ 3.3　观光体验类建筑设计教学过程解析

■ 3.4　旧改类建筑设计教学过程解析

3.1 田园式建筑设计教学过程解析

3.1.1 田园式建筑设计基本概念及任务书解读

1. 基本概念——田园综合体视角下的乡镇建筑设计

1) 概念

田园综合体是围绕有基础、有特色、有潜力的产业,建设一批农业文化旅游"三位一体",生产生活生态同步改善,一、二、三产业深度融合的特色村镇。支持有条件的乡镇建设以农民合作社为主要载体,让农民充分参与和受益,集循环农业、创意农业、农事体验于一体的田园综合体。

2013 年,陈剑平院士在"现代农业示范区可改农业综合体"的倡议中,提出了"田园综合体"的概念雏形。2017 年,田园综合体成为"中央一号文件"的乡镇新兴产业发展的亮点被正式提出,同年我国大规模地开展了田园综合体的建设试点行动。无锡"田园东方"成为我国第一个田园综合体项目,初步探索了集农业产业生产销售、度假旅游、田园娱乐体验为一体的乡镇新兴产业发展道路。田园综合体的实质是通过整合乡镇现有的地理基础、生产资源、文化特色,以现代农业为核心产业,发展文旅休闲产业。将一、二、三产业进行深度融合,形成田园特色风貌的宜居、宜游、宜产的综合发展模式。"田园"旨在深入挖掘乡镇风貌、文化特色;"综合"旨在将生产空间、生活空间以及生态空间进行综合重组,实现三生空间同步改善的乡镇综合体。

田园综合体的内涵主要体现在以下几个方面:

(1) 以现代农业产业为核心,实现"三产"深度融合,"三生"治理同步。

农业特色产业作为主导产业与当地旅游资源服务产业、农产品加工产业进行深度融合,形成一、二、三产业循环发展的产业链条,将当地特色农产品,通过新技术加工与市场推广,拉动地方产业经济,并引进民宿、体验、旅游等第三产业,形成多功能新型乡镇综合体。同时,以地方生态环境为依托,改善生产空间基础设施,提升农民的生活环境,保障以农民为主导的乡镇振兴发展模式。

(2) 城乡资源对接,激活乡镇吸引力,保证人口流动平衡。

三产联动发展,强调城市资源的引入,以农业为主导的新资源集聚与开发,并以此为抓手缓解城市压力,提高乡镇吸引力与就业环境,做到城乡互补,协同发展。

(3) 改善乡镇居住环境,提升公共服务设施与水平,打造新型田园社区。

公共服务设施与居住环境的提升,是人口回流的保障,也是田园综合体持续发展的前提条件,乡镇建筑设计要尊重本土地理环境与文化特色,提高居住环境质量,满足各类人群的服务需求。

2) 分类

田园综合体在我国 18 个省份均开始作为试点进行实施,为满足其发展背景与功能需求,在一定程度上促进了乡镇建筑复合功能的演变,成为田园综合体的物质载体,其基本

功能是作为城乡功能性互补的产业功能与集中服务功能,具体分类如下:

（1）休闲旅游类

休闲旅游类功能的乡镇建筑旨在展现当地文化特色,满足游客对田园生活需求,包括民宿、工艺作坊、酒店等建筑形式,主要服务于外来游客。建筑设计注重空间内地方文化特色的空间感知,视线、动线与环境进行交互性设计,将传统单一的功能空间转为集休闲度假、居住体验于一体的乡镇环境动态体验型建筑,强调本土建筑材料与构造技术的使用,真正体现当地的田园氛围。

（2）公共聚集类

公共聚集类的乡镇建筑旨在田园空间融入乡镇公共服务设施,满足当地村民以接待和办公为目的的办公服务与以集体活动为目的公共活动场所聚集需求,包括村委会、村民活动中心、养老院、卫生所、学校等。建筑设计以功能需求为导向,体现公共服务设施的建筑风貌特色,追求场所精神的在地性表达,鼓励形成多功能服务一体或多村合一共享的综合性公共聚集类建筑。

（3）农业生产类

农业生产类的乡镇建筑旨在服务于地方特色农业生产与加工产业,建筑主体在保存与改造仍在良好运营的乡镇生产设施外,新建加工作坊与复合化的农业产业空间,包括生产车间、加工车间、参观车间、产品展示区、种植体验区。将农业生产、休闲体验以及文化产业相结合,形成集生产、展示、体验、销售于一体的现代农业生产类建筑。建筑一般采用大跨度钢结构,为保证与田园环境的契合,可通过架空、渗透、穿越等设计手法把握建筑形态,尊重场地生态资源,营造田园特色工业类建筑。

（4）产业展示类

产业展示类的乡镇建筑是集中展现田园综合体的重要性公共类建筑,旨在展示田园综合体的特色产业产品、民风民俗、历史文脉等内容,同时集合商务会议、农副产品展销、游客观光等会议展示功能,一般包括展销中心、田园生活馆、村史馆等。建筑设计以开敞式空间为特点,辅助交流、会议、演出空间,建筑形态醒目,设计中重视当地文化特色,并由建筑材质、元素符号进行表达,彰显田园综合体的田园意境。

（5）商业娱乐类

商业娱乐类的乡镇建筑旨在激发乡镇经济活力,通过商业与田园文化产业的结合,调动当地村民创业积极性,实现田园综合体的可持续发展。建筑类型一般包括特产商店、餐厅、文创商品售卖、咖啡馆、书院等形式。在满足当地村民生活需求外,将产业与文化转化为实体经济,实现价值利益最大化。商业娱乐类建筑设计中沿袭村落肌理形态,空间多元化,遵循生态性与整体性原则,塑造宁静与舒适的建筑空间。

3）原则

（1）遵循地理条件和气候适宜性原则

乡镇建筑的选址、聚落结构和肌理形制很大一部分原因受地理环境和气候条件的影响,居住建筑群的朝向、组团模式和空间结构有着在地性的特征。但乡镇建筑对气候的适宜性需求一直是田园综合体改善民生的重要内容,采光、通风、供暖等诉求,在建筑尺度、开窗面积、使用材料以及绿色建筑方面多给予考量。保留乡镇建筑原有的发展形式和详图特征，采用被动式手段来实现气候适宜性。

（2）尊重历史文脉和人文要素传承原则

乡镇的空间结构往往采用串联的模式，由公共类建筑形成结构节点，村口、街市和村部是体现农村文脉的重要区域，同时新建展览类与地方文化标识类建筑，从布局形态上遵循历史文脉。扎根设计场所，挖掘文化要素，将文化蕴含在建筑元素与建筑形式中，结合历史文化和乡镇独特的生活形态，强化田园特征。

（3）遵守当地建筑营造手法与建筑技艺原则

充分理解当地工匠的建筑建造手法，沿用传统建造工艺，并增加现代的建造形式与施工技术，创新使用新技术与新的建筑结构，将传统工艺与现代技术相融合，体现当代乡镇建筑的适应性、现实性与可更新性，并结合使用者的生活经验与营造经验形成归属感较强的乡镇建筑。

（4）强调当地民风民宿与生活体验

了解民风民宿与生活习惯，结合本土生活与使用习惯，根据人的感官体验，构建田园生活化建筑空间，建筑设计可通过光线、色彩、材料等要素增加建筑的视觉、听觉与触觉感官经验，从整体布局到空间组织，让使用者对建筑产生认同感，增进游客与村民的和谐关系。

4）设计手法

（1）田园精神塑造

田园精神是田园综合体的一种场所精神体现，乡镇建筑的田园精神包含：

① 回归自然，体现自由舒适的田园生活氛围。通过精细化的场地设计、景观布局及空间营造、建筑材料来表达与探寻。如金海湖镇罗汉石村乡镇建筑，在场地中使用本土的石质材料，形成开阔的长方形阶梯式场地，与高低错落的建筑观景平台进行呼应，营造出环境与人间的沉浸式互动田园氛围，建筑材料选用石材、木材、卵石等乡土材料，以此塑造田园精神。

② 返璞归真，融合农事等体验型功能，体现田园乡愁。在建筑设计中田园精神的塑造可以通过还原根植于乡镇的真实农耕场景与独特的人文环境，通过融合特色的体验型功能空间塑造，展现建筑的田园特征。如河南信阳西河村乡镇建筑，建筑功能空间将农事体验、生态养生作为院落与住宿功能进行融合，增加了乡镇建筑的体验感。同时建筑形态依照山势，选用了曲折的屋顶形态。

图 3-1　金海湖镇罗汉石村的溪园酒店
（图片来源：作者自摄）

图 3-2　河南信阳西河村乡镇建筑
（图片来源：作者自摄）

（2）空间类型重构

田园综合体的主要特征是在地性，"一村一产业，一村一特色"，而非大规模地照搬城市综合体的成熟发展模式，造成千村一面的现象。乡镇建筑的特色空间类型是进行重组与更新的关键。具体包括：

① 传统空间的重构

传统的建筑空间是长期进行生产生活活动而形成的重要乡镇记忆，在村支部、村祠堂、村学校等公共建筑中尤为突出。系统地梳理传统建筑空间形式，寻找体现当地文脉的特色空间，是体现本土特征的核心手段。如贵安新区车田村的文化中心建筑，为保存当地的苗族文化特色，将苗家民居聚落的建筑尺度、组合形式、特色功能空间进行总结，以特色天井、围院、地方戏台为核心母题，构建新建乡镇建筑布局模式。

② 现代空间的重组

田园综合体背景下的乡镇建筑新增了诸多功能性建筑，如会展会议类、展示类等。建筑空间面临从单一化向大尺度、大跨度的多元化转型，需要传统空间与现代空间的重组设计。如唐山有机农场建筑为满足生产、观光、体验、存储为一体的功能需求，建筑整体由库房、磨坊、包装、榨油坊四大主要功能围合而成，四个功能空间由内部游廊进行联系，形成独特的参观流线，同时结合围合空间，以中心庭院作为晾晒场，拓展多个小尺度庭院，增加了游览层次，也符合当地弹性加工的复合功能需求。

图3-3　车田村文化中心
（图片来源：作者自摄）

图3-4　唐山有机农场
（图片来源：作者自摄）

（3）结构体系融合

乡镇建筑历经千年，早已形成最具地方特色的结构形式与建造手法，由于乡镇建筑大规模功能的置换，结构体系需要一定的改善与创新，具体包括：

① 传统结构体系的改良

传统的乡镇建筑以木结构或砖结构为主，这类构造方式较易受到建筑形式、场地特征的影响，空间自由度不高，为融合新的功能空间，以选精去粗的方式继承传统建造工艺，并引入新的结构体系来满足功能需求。如甘肃白银马岔村民活动中心，设计选用当地传统民居夯土建造工艺与木结构屋架，对夯土配比进行改良，加强了结构的强度。由于功能空间涵盖会议、展示、商店、托儿所等，夯土墙体通过改善窗户尺度，增加小且密集的窗洞，以改善室内采光。

图 3-5　甘肃白银马岔村民活动中心
（图片来源：作者自摄）

图 3-6　木兰围场蒙古包文化书房
（图片来源：作者自摄）

② 现代结构体系的应用

在传统乡土技术无法满足新的发展需求前提下，现代结构体系技术的引入，可以大力推进乡镇建筑的发展，新技术与新体系的引入并非粗暴改拆，而是结合当地传统结构技术，进行乡土建筑结构体系的重组，注重建筑与本土环境的融合，形成新时代的乡土建筑形式。如木兰围场蒙古包文化书房，建筑由中央双环大厅以及放射式的几个方形空间组成，设计理念沿用蒙古包的建筑形式，由方和圆进行组合，内部采用钢结构作为支撑，围护结构为木质百叶与 Low-E 中空玻璃，建筑外部以双柱效果的木结构作为遮阳造型，增加建筑的纵深感，体现了对传统蒙古建筑的致敬。

（4）本地材料选择

乡镇材料是体现乡镇建造秩序、地域特征的主要语言，一般以常见的石材、草、土、木、竹等地方材料应用较多，但对地方材料语言的解读，并非照搬照用，而是通过重现与转译，展现对当地乡土田园风貌的情怀。具体包括：

① 乡土材料的重现

乡土材料承载了诸多地方历史记忆，因此在乡镇建筑设计中首先要保留原生材料的特性，对地方民居、祠堂等具有一定地方特征的材料进行研究与筛选，应用新的组合与表达方式，将乡土材料进行重现。如陕西三合村村民活动中心，作为全村的乡镇综合体，囊括了乡镇所有的公共服务功能，除了卫生院、养老院，还包括村史、村产、村文化等展示功能。建筑应功能需求，空间类型丰富，材料采用当地红砖进行建筑整体设计，起到统一建筑各空间的作用，砌筑手法简洁，营造建筑特有的粗糙感和质朴感。

② 现代材料的转译

现代材料在乡镇建筑中存在两种形式，一种是纯粹的使用，弥补传统建材的局限性，如成品砌块、混凝土、外挂石材等，另一种是与传统材料结合应用，丰富空间形式。如无锡阳山田园大讲堂，选用本土原生材料竹子作为主要建筑材料，透过乡土建材与环境进行对话。应用竹子的轻盈特点结合钢结构构架，实现建筑与环境呈现虚实平衡关系，以竹子作为建筑围护体系与建筑屋顶内的连接构件，塑造了田园中的开放性空间。

图 3-7 陕西三合村村民活动中心
（图片来源：作者自摄）

图 3-8 无锡阳山田园大讲堂
（图片来源：作者自摄）

2. 任务书解读

1）任务书中的设计要求及内容

建筑结合单家村乡镇现状发展特点、历史文化、原有周边建筑风貌，尊重村庄发展客观规律、场地和自然环境特点。建筑主体高度不宜超过2层，局部可以夹层，建筑需要突出田园式乡镇餐饮建筑主题，建筑形象应考虑文化艺术性、纪念性和环境特色，并考虑室外场地田园景观设计。建筑入口处考虑4～5辆中、小型汽车泊位，以及停放30辆自行车的场地。内部出入口处设内院，可停放小型货车。

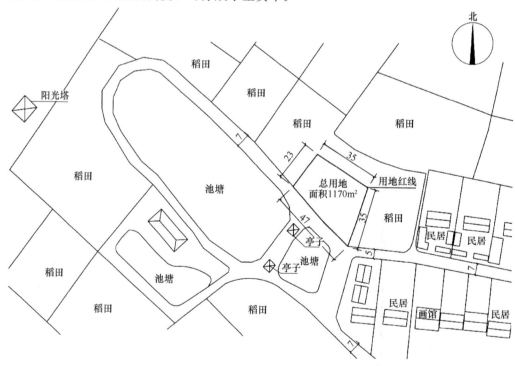

图 3-9 地形图
（图片来源：作者自摄）

总建筑面积为 750m² （以轴线计算正负不超过 10%），如地形图所示。

设计内容如任务书所示：

任务书 表3-1

空间名称	使用面积（m²）	备注
1. 用餐区域	290	
营业大厅	200	100~120 个座位，可灵活分割，包括吧台
单间包房	3×30	
2. 厨房区域	190	
主食初加工	20	完成主食制作初步程序，与主食库有方便的联系
主食热加工	40	主食半成品进一步加工，与备餐间有直接联系
副食初加工	15	进行清洗和初加工，与副食库有方便的联系
副食热加工	75	煎、炒、烹、炸、炖等热加工，与备餐间有直接联系
洗涤消毒间	10	洗碗池、消毒柜、餐具置放台等
备餐间	20	食品加工和制作，布置食品加工电器
库房	10	存放各种茶叶、点心、小食品等
3. 公共区域	60	
门厅	30~50	兼休息厅
付货柜台	20	食品的陈列和供应，兼收银
4. 辅助区域	210	
卫生间（客）	男 15，女 20	设施齐全
员工休息室	30	男、女各一间，设更衣柜，洗手盆
卫生间（员工）	15	男、女各一间，设厕位、洗手盆、淋浴
办公室	30	2 间，包括经理办公室、会计办公室
交通空间	100	包括楼梯、走廊等
总计	740~760	

（资料来源：作者自绘）

图纸表达内容如下：

① 总平面图　1：500；

② 各层平面图　1：100；

③ 立面图　1：100（不少于 2 个）；

④ 剖面图　1：100（不少于 1 个）；

⑤ 剖轴测或剖透视（不少于 1 个）；

⑥ 交通流线分析图、构思分析、空间分析等；

⑦ 设计说明及技术经济指标；

⑧ 效果表现图及成品模型 1：100（贴模型照片，不少于 2 张，6 寸）。

要求：建筑透视图 1 幅或以上，应看到主入口；可增加主要室内空间透视若干。

图纸尺寸：一号图幅（841mm×594mm），张数自定。图面要求完整、统一、整洁，字迹工整、清晰。

要求：所有字应用仿宋字。设计构思说明 200 字。技术经济指标：总建筑面积、总用地面积、建筑容积率、绿地率、建筑高度等。

2）任务书的教学目的

① 了解餐饮服务性建筑的设计方法，重视由外部环境引导的场地设计，掌握对复杂流线的综合把握能力。

② 掌握风景建筑设计的基本原理和空间组合的基本方法，熟知公共建筑功能、空间、造型、结构选型、构造与建筑造型之间的关系。

③ 提高对空间概念的认识，强调建筑室内外空间互动设计。

④ 掌握乡土视角下餐饮建筑整体设计过程与表达。

⑤ 熟悉建筑设计规范。

⑥ 加强对尺度概念的理解和应用，掌握较丰富建筑的造型能力。

⑦ 加强运用建筑造型以及空间塑造的手段来表达建筑的艺术性、文化性。

3）任务书的重点和难点

（1）项目区位

该项目位于北方，北方建筑注重保温和采光，南方建筑注重通风和遮阳。所以保温和采光是此项目设计之初首要考虑的。结合总图中的指北针，来判断项目场地预留位置，宜结合南向场地布置公共活动场地，北向场地考虑后勤场地。

（2）项目特色

该项目位于沈阳沈北稻梦空间小镇东侧单家村内，所建餐饮建筑服务于前来参观游玩的旅客，所以如何烘托稻梦空间小镇的自身旅游资源特色，服务好前来游玩旅客，规划好参观、就餐、休息等路线，利用好周边景观设计出富有田园特色的餐饮建筑，就显得尤为重要。

（3）田园特点

田园式建筑提倡"回归自然"，推崇自然美、结合自然而设计。田园风格的建筑多是悠闲惬意、抒怀畅意的。粗糙甚至破损在田园特色中都是可以出现的，以砖石、陶片、木材、竹藤等为材料，创造自然、朴素的田园风格。

（4）周边景观的结合

稻梦空间和单家村以金色稻田为特色旅游文化，该设计自然也离不开金色稻田。从总图中可清晰看出稻田的自然肌理，村庄分布状态。建筑体量和建筑方位可参照总图中其他农户家合院。基地内无需充满建筑体量，有充足空间进行场地设计，可自由发挥，设计观景台、步道等。基地门前的两处池塘，可以考虑成景观界面。两个亭子之间的廊架不仅可以夏日乘凉，还可以形成一条视觉通廊，与餐饮建筑的二层露台发生关联。最远处的观光塔是整个片区的高点，本项目总体也可做一个塔形高点与之呼应。

（5）功能分区

餐饮建筑功能包含营业与后勤两部分组成，营业部分主要包括用餐、公共区域；后勤部分主要包括厨房和员工休息区域。

功能分区设计有两个难点，第一个是营业部分与后勤部分如何衔接，衔接区域设定功能是什么。引导学生绘制功能分区泡泡图，分析二者间可以相互衔接的功能为备餐间与洗涤消毒间，并以此为中心，进行其他功能布局。对于营业功能区域，餐饮空间与门厅等公共区域有效联系，并可以形成集中式、簇团式与串联式布局方式，并考虑餐桌的尺寸与布局方式。

第二个是厨房部分各功能房间布局与生产流程的关系。厨房部分各功能房间布局首先要对厨房形式进行限定，采用封闭式、半封闭式或开放形式。其次，要对合理布置生产线有一定了解，要求主、副食两个加工流线明确分开，并从初加工—热加工—备餐空间的流程不可迂回且便捷，再结合各功能分区的面积进行布局。最后，将辅助功能与厨房功能进行水平方向与垂直方向结合，并保留共同出入口与交通联系。

（6）流线组织

总平面流线设计：用地出入口要按照人流、货流分别设置，妥善处理车行和垃圾清运流线，并防止此流线对周边环境的影响。厨房与就餐人员出入口分别设置，并保证流线完全隔离。人流主入口邻近主干路醒目位置，满足用地邻近道路开口位置规范要求。

餐厅流线组织：主要包括就餐流线和食物从生到熟的加工流线，两者不可交叉、相混。厨房内的食物流线严格按卫生要求、加工工艺要求，做到主副食品分开、生熟分开、洁污分流。

餐厅消防流线组织：一层为餐厅操作服务用房、派餐区域、就餐区域以及少量附属设备用房四部分，每个防火分区按不超过 5000m² 1 个防火分区来设置。二层分为餐厅操作服务用房、派餐区域、就餐区域、少量附属设备用房和室外就餐大平台五部分，设 1 个防火分区。因设有自动喷淋及自动报警系统，每个防火分区按不超过 5000m² 设计，根据疏散距离可设定 1 部疏散楼梯，并对外开设疏散门，流线布置考虑疏散楼梯位置的距离均等性，并满足疏散要求。

3. 课后作业（查阅资料）

课后作业要求分组进行调研，调研内容包括项目地点，项目周边环境，以及餐饮建筑设计相关案例搜集。

3.1.2 田园式建筑设计调研

1. 调研的六个阶段

设计中的调研阶段是设计中很重要的一环，尤其是低年级学生，通过调研可以锻炼观察、自主思考能力，同时找到设计的出发点和设计概念的由来。一般来说调研分为六个阶段。

1）现场背景调研

场地分析可分为两种，一种分析场地内部与场地外部的关系，另一种分析场地内部各要素。

场地分析通常从对项目场地在地区图上定位，以及对单家村周边地区、邻近地区规划因素的调查开始。从地图上可以看到单家村周围地形特征、土地利用情况、道路和交通网络、休闲资源，以及商贸和文化中心等。在进行场地设计如主次入口的选择，基地的人车流线等，都需要参照这些与项目相关的场地周边状况。

在设计初期，最先做的就是地形调研部分。了解地形周边关系、地形气候、单家村历史背景、地理背景、周边自然环境、人文环境等；地形地貌、场地周边流线、周围建筑风格及其功能；满族文化、锡伯族文化、沈北旅游业发展等宏观因素对场地的影响。可以通过网络进行信息搜集，如背景资料调研方法表所示。

背景资料调研方法   表 3-2

分类	方法	调研主题	调研内容	工具
背景资料调研	地图	区域位置关系	场地位置、区域环境、场地尺度特点	以文字资料和图片资料为主
		区域交通关系	主要道路分布、公共交通分布	
		自然景观特征	公园、绿地、河流等	
		功能性用地特征	商业、学校、居住等	
	网络资料档案查询	区域历史人文特征	历史人物、建筑形制、生活特色、节日等	
		区域历史环境变迁	不同年代地图看用地变迁、区域发展轨迹	
		区域历史存在问题和矛盾	经济、政治、环境卫生问题等	
		区域气候条件	日照、气温、天气变化、降水、风、地下水	
		区域现状人文特征	生活习俗、特色、节日活动	
		区域行政数据	人口、行政区、产业构成等	
		区域内建筑环境特质	地标性建筑物、建筑年代风格、公共空间形制	
		其他	与场地相关资料	

（资料来源：作者自绘）

2）现场实地调研

实地调研时，学生通过感受现场周边真实空间环境、以拍照或是手绘草图的方式进行记录。观察记录周边村民的生活、游客的行为。以访谈的形式与不同年龄、职业的人交流。与书记、村主任、居民、游客等畅谈，并记录整理。注意村庄建成环境、建设历史、民俗风貌以及产权情况。现场调研的基础是资料调研，现场的真实情况往往会与网络搜集资料略有差别。要认真记录探访周边情况，感受实地建筑磁场环境，捕捉场地的空间环境与氛围，如现场调研方法表所示。

现场调研方法   表 3-3

分类	方法	调研主题	调研内容	工具
现场调研	拍照、观察、体验、记录	区域位置关系体验	如何到达场地、沿途所见	相机、地图、草图纸
		区域交通特质	公共交通形式、节点、站点等形状体验	
		自然景观体验特征	自然景观环境尺度、密度、气氛体验	
		场地周边用地特征	体验记录区域内建筑功能，以及生活在区域内人群活动习惯	
		场地周边公共环境中人的活动特点	公共空间种类，以及人们对公共空间的态度和使用的方式	
		场地地形特征	场地及周边地质、地形、地貌	
		场地及周边区域内动植物特质	植物动物种类及生长状况	

续表

分类	方法	调研主题	调研内容	工具
现场调研	拍照、观察、体验、记录	场地现状建筑与场地体验的关系	现有建筑体量、功能、立面形象	相机、地图、草图纸
		现状存在的问题和矛盾	场地中的问题，是人对于区域内现存功能、体验需求的不满足	
		其他	场地中调研的所见所闻，如建筑细节、材料特征、偶发事件	
	访谈	针对场地使用者	可以访谈以上所有问题，以及与设计相关问题，主要需要了解使用者的感受	

（资料来源：作者自绘）

3）现场问题调研

现场问题调研需要学生观察居民生活、游客需求同当下建筑空间之间的矛盾，也可以采用调研问卷的方式，提问现状优缺点及未来发展需求。

4）数据分析调研

有针对性、目的性地收集数据，是有效分析调研的前提。对收集上来的数据进行整理和分析，以数理模式转化为信息。常见方式有排列图、调查表、直方图等，也可采取关联图、系统图、矩阵数据图等数据分析，如资料整理及分析方法表所示。

资料整理及分析方法　　　　　　　　　　　表 3-4

分类	方法	调研内容	工具
资料整理及分析	数据整理	图表、柱饼图等	图片纸笔模型制作材料
	访谈整理	访谈记录、出现的数据、发现的问题	
	分析图制作	区位、交通、功能、人流线、活动等与设计主题相关内容	
	场地模型制作	将场地的物理特质以模型的形式予以呈现	
	头脑风暴	关系汇总、重构、创建新的联系，发展设计的主题和设计概念	

（资料来源：作者自绘）

5）案例分析调研

案例分析调研对低年级建筑学学生来说必不可少，通常对选择案例的建筑类型、功能、地形等进行分析。需要注意的是，不是所有相同建筑类型都是合适的参考学习案例，要选取相等规模和体量的建筑进行分析学习。

6）立意主题调研

充分挖掘当地文化，场地中以实体形式出现的历史文物、古迹遗址，或者以虚体形式出现的神话故事、民俗风情、文学作品，也可以是当地代表性的动植物。如单家村的金色麦田稻梦空间、锡伯族文化、一粒米的故事等，都可以作为设计主题。

2. 区位及现状分析

1）区位分析

单家村位于辽宁省沈阳市沈北新区兴隆台街道，是一座自然村，紧邻沈阳稻梦空间稻米文化主题公园，距离沈阳市中心31km。随着沈阳市制定与颁布的《发展壮大村级集体经济三年行动计划（2021—2023）》，单家村以宅基地改革为抓手，形成了一条村级集体致富道路。全村89户，总占地面为28975亩（19.32km²）。沈阳稻梦空间稻米文化主题公园，占地约30000亩（20km²），包含稻田观光、果蔬采摘、田园垂钓等旅游内容，单家村是公园游客主要的民宿体验基地，地理位置优越。

2）现状环境分析

单家村周边旅游资源丰富，有七星山、七星湿地公园、辽河景观带、沈阳稻梦空间稻米文化主题公园，建筑村落以南北向为主、东西厢房相辅的典型东北民居围合式院落，周围稻田景观资源优美，附属配套设施较为齐全，单家村现村域共有11户改建民宿，5处改建标准化仓库，1处改建村史馆，1处改建艺术馆，1处改建乡镇特色餐厅与1处垂钓园。

图3-10　现状环境

（图片来源：作者自摄）

3）现状交通分析

锡伯大街、兴光街、十大线和新农路是市区到访单家村的主要道路。单家村与稻梦空间的东门合并，成为进村的标志性入口，并设立稻梦空间直通车站，公共交通较为便利。村内只有一条主干路，可通向大孤柳村，居住单元以鱼骨状支路与其链接。

3. 编写调研报告

1）报告内容

报告内容将由实地项目调研部分、案例分析部分及设计初步思考三部分组成。

（1）实地项目分析报告

通过实地参观和考察后，了解基地及周围环境状况，绘制总平面图、周边用地关系及道路分析图、文化背景、室内效果图（可拍照片）、现场问卷调研分析图以及其他网络资料。

（2）案例分析报告

通过网络调研或实地相关项目走访调研，具体呈现以下内容：

① 项目概况：名称、地点、规模、主要技术指标。

② 建筑与环境关系：交通、总平面布局、相邻建筑关系、项目对城市及周边环境的影响、周边景观质量。

③ 建筑功能布局：各层功能分布、布局特点、交通流线组织。尽可能全面地收集调研建筑物图纸，以及建筑总平面、平面，以及实地勘察和实例收集部分。

④ 建筑造型：形式、风格、设计理念。

（3）设计初步思考报告

将实地调研信息与案例调研信息结合，初步构思设计切入点，作为一草设计的前期思考，采用使学生在实施可行的基础上提出别出心裁、与众不同的创新设计理念，引导学生将创作对象的环境、功能、形式、技术、经济等方面综合思考，提出标新立异的设计切入点。

（4）成果要求

完成 A2 调研图 1～3 张，图文并茂，以手绘分析、实景照片、文字说明相结合的形式进行排版设计。不仅能加强学生们的手绘能力，与电子文档相比，更能够促进学生对案例的深入理解。

4. 调研汇报及总结

1）学生调研作业展示

（1）毕一杭自述调研报告制作过程

调研报告可以锻炼分析问题和处理调研数据的能力，可以支撑前期方案的生成。

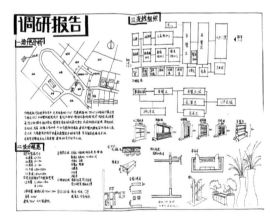

图 3-11　作业展示（1）

（图片来源：毕一杭绘）

利用项目场地在城市乡镇的定位，以及亲自调研展开。获得地形特征、道路交通、文化中心等信息，这些有利于确定设计基地的功能性质、服务人群以及主次出入口的合理位置。

现场实地调研，感受周围环境，随手记录调研的经过，观察周边活动和捕捉实际空间的氛围。问卷调研面向不同的人群，听取意见，收集数据，分析数据。

绘制一草，利用现场调研经历、数据分析和参考案例画出初步意向。

教师点评：

该学生设计敏感度高，在调研报告阶段可以结合周边环境，同步开始一草设计，关注建筑屋面、建筑立面造型与周边环境的紧密结合。可以掌握正确的调研手段，开始进行数据调研和分析，逻辑清晰，思维敏捷。建议调研报告时要结合乡镇特有的建筑特色、农业特色、产业特色进行设计。在调研的时候要关注乡镇发展、关注居民实际需求，思考如何以新兴产业促进周边整体建设发展。

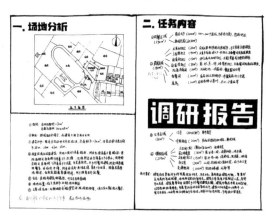

图 3-12　作业展示（2）

（图片来源：李嘉馨绘）

（2）李嘉馨自述调研报告制作过程

此次餐饮建筑设计地点位于辽宁省沈阳市沈北新区单家村附近，场地西北侧有大面积稻田分布，西南侧围绕着三个池塘，东南侧分布着居民区。此次调研总共分为五个部分进行：

第一部分进行的是场地分析。首先在网络上查询该地区的周围环境、气候等自然因素，其次再分析附近建筑对采光的影响、人员流向等人为因素，再次结合任务书的要求大致确定好主体建筑的位置以及建筑的走向，最后确认此场地的主入口位置。

第二部分进行的是对任务内容的分析。根据对任务书及设计规范的分析得出，此次设计应分为四个区域：用餐区域、厨房区域、公共区域以及辅助区域。

第三部分进行的是案例分析。通过在网络上的搜索，结合初步设计思路找到了五个案例。案例搜索过程中，结合中外建筑的特点进行搜索，通过对比中外建筑的不同风格来进行此次餐饮建筑的风格设计。从平面、立面、布局等多方面进行案例的分析。

第四部分进行的是对此次设计规范的摘抄，一方面为了巩固专业知识，另一方面是熟悉规范以免后续有问题。

第五部分则是初步设计的泡泡分析图，通过调研来初步确认此次餐饮设计的场地设计及分布。

教师点评：

该学生处理调研报告图文并茂、色彩丰富，对周边环境分析，案例调研比较全面，能够积累建筑设计能力。案例搜集角度全面，能够搜集相应规范，辅助一草设计。建议在调研后期增加一草初步设想，根据自身调研数据分析，可以从田园综合体角度、从乡镇整体规划角度，甚至与景区的参观互动角度，进行初步设计。

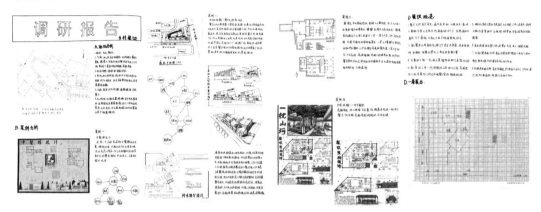

图 3-13　作业展示（3）

（图片来源：韩沫林绘）

（3）韩沫林自述调研报告制作过程

调研报告一共分为四部分，首先是场地分析，场地分析分别从场地的自然条件、建设条件、公共限制入手，场地的自然条件包括地形、气候、地质特点等，建设条件中周围场地的条件都会作为重点分析，此场地周围均为乡镇建筑，有自己的少数民族文化，所以在做方案的时候不能做与之太突兀的设计，公共限制基本为用地限制、交通限制、高度限制。

其次是案例分析，选择四个案例，第一个案例是学生的优秀作业，着重分析其排版布图、体块变化、立面设计，整体简洁干净，排版清晰；第二个案例场地为异型，流线清晰，体块变化很好地解决了场地的问题，且场地位于闹市区，对于车行流线和人行流线处理得很好；第三个案例最贴近本次设计的场地，参考价值最大，且整体流线清晰，布局干净，把顾客、工作人员、后厨的流线彻底分开，不会相互干涉；第四个案例色彩运用大胆，只运用红黄蓝，却能让人眼前一亮。

再次为相关规范的摘抄，每次调研报告前都需要把相关的设计规范和资料集上的硬性规范找出来，仔细阅读，避免自己的方案中出现相关问题。

最后为一草展示，调研报告阶段的一草基本只有大概的泡泡图或者体块，但可以看到通过整个调研阶段自己学到的东西。

教师点评：

调研报告图文并茂、分析全面，能够从场地环境到任务书到一草前期分析有序展开，思路清晰方法正确。建议加任务书分析部分，从田园综合设计角度思考，结合当前需建设解决问题设计。建议需加强排版设计。将调研报告划分几个模块，可以用打格子的方式划分页面，并且规范设计排版。

5. 调研报告总结

调研报告可以使学生在最短时间内掌握项目周边状况，通过数据资料的分析，找到设计的入手点，寻找项目定位，明确设计立意。建筑一年级学生的调研报告不应该是色彩鲜艳的手抄报，而应该是在多角度、多手段数据分析下，具有设计指导意义的调研汇总，一个全面的调研报告，最后一部分内容，必然是通过对项目分析而推导出的一草设计草图，即人、车、货流线，朝向的利用，周边环境景观地形的结合等，都是在这一阶段设计出来的。

3.1.3　田园式建筑设计过程

1. 方案概念设计（一草阶段）

根据任务书要求，指导学生进行初步方案构思，并学会运用比例尺或网格纸绘制带比例的草图，便于后期正图放样。通过分别辅导确定各自方案的立意构思。学生对基地周边环境（道路、景观、人流、车流）进行分析。思考如何充分利用基地环境来确定建筑风格，设计特色空间，如入口空间、用餐区、庭院、亲水平台等。

指导学生用拷贝纸叠在地形图上展开工作，以便时刻被地形条件制约。场地设计中依次引导学生进行如下设计：

1）确定场地的主次出入口

（1）主入口

餐饮建筑场地主入口的确定是方案设计首要解决的问题。这就要看人流来自何方。人流与道路有直接关联，通过地形图来分析道路：南面和东面道路较宽，邻近东面村里主路，说明车辆流线，汇集人流较多。游客从村子主路开车或步行来到项目基地，游客多为步行游览参观，所以主入口放在南面村里较宽的道路上。

如学生设计草图所示：

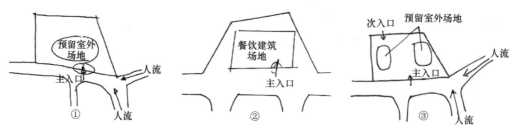

图 3-14　设计草图（1）
（图片来源：学生自绘）

草图中①学生自述设计过程：

主入口应当选择较宽的路口，人流由东南两个方向汇集进入项目基地，又因为在乡镇中游客多为步行，主入口前放置室外场地，与天然水塘形成对称关系，可以解决空间的冲突，在南向开主入口可以很好地服务游客。

图中②学生自述设计过程：

该场地周边人流由东西两侧进入场地，主入口设置于靠近人流量较多的道路，并且与交叉路口保持一定距离防止交通过于拥堵，使主入口能与室外场地有良好的交通关系。

图中③学生自述设计过程：

在设计总图的时候，先看给的场地道路宽窄和方向，发现用地红线南边有一条又长又宽的路，所以把主入口放在场地的南边，以方便客人进出。关于室外场地，把整体的餐饮建筑放在场地中间，然后留出两边空地用作绿化或休憩区域，把主要的出入道路留在中间，比较醒目和方便。

教师点评：

项目只有一条主要车行路，所以同学们都选择了把主入口布置在基地南侧，都能结合基地现状、人流车流的方向，合理分析，主入口选择正确。

（2）次入口

主要供后厨工作人员进出，进送货物。从避免流线交叉角度，次入口应选择与南向主入口远离的西北角，但是这里离主要景区较近，放在这里破坏场地景观设计。厨房需要货车运送，需要离道路近一些，那么放在东南面就非常合适了。

如学生设计草图所示：

图 3-15 设计草图（2）
（图片来源：学生自绘）

草图中①学生自述设计过程：

基地东北两侧遍布稻梦小镇稻田风景，南侧紧靠天然水塘，次入口如果设在基地的西侧，可以缓解交通枢纽拥挤的问题，达到划分开内外人员流线。次入口服务于后勤和厨房，对内部人员开放，应设置隐蔽，再配合二层景观设计达到观赏的目的。次入口如果选择西南角，面向交通枢纽，是从村中来往基地的唯一道路，而且厨房和后勤需要运货和卸货。该设计思路要解决和游客流线交叉的冲突。但也有优点，距离短，快捷。

图中②学生自述设计过程：

次入口位于场地西南侧区域，以缓解次要人流干道压力，同时基地次入口靠近该设计中厨房，库房以及工作人员办公位置，次入口能保障厨房库房食品运输要求并且能够为工作人员提供一个高效的交通空间。

图中③学生自述设计过程：

次入口是为了让客人和工作人员分开进出。所以把它设在主入口的对侧，北边。这样来访客人和工作人员走的路不会冲突。一进次入口就是厨房和楼梯，对于办公、做饭都很方便。而且对于员工的隐私保护得很好，办公人员会觉得舒适和自由。

教师点评：

两位同学选择在主路上开次入口，一位同学选择在北向做次入口。选择北向需要在场地内合理布置环形交通路网，方便厨房卸货。

2）确定场地的"图底"关系

图的位置，通过任务书面积计算，会有一部分室外空地作为餐饮休闲空间，或是体现田园的景观、绿地、入口广场和停车场等。作为图的主体建筑功能是餐饮和后厨功能，后厨功能靠北侧布置，餐饮靠近南面道路布置。

图的形状，场地条件并不狭长，是偏方的梯形既适合做合院，也适合做分散式餐饮项目，形态符合乡镇建筑设计，以灵活小体量为主。

如学生设计草图所示：

图 3-16　设计草图（3）
（图片来源：学生自绘）

草图中①学生自述设计过程：

入口、绿地、餐饮、停车靠近主入口，办公、厨房、后勤靠近次入口。一开始设计成 L 形，但作为村中的特色建筑，得打破传统形状。所以主体形状从长方体演变成拼合的梯形，还留出半围合空间安放入口广场，满足人员的流动，充分利用地块。

图中②学生自述设计过程：

在本次设计的初步构想中将室内外场地均匀地划分为南北两侧，但为了避免外形过于普通毫无特色，在中部场地将室外场地扩大，两侧建筑场地延伸出来，使得形态发生了变化。同时，为了迎合当地建筑特色，在整体形态设计上与当地传统建筑外观风格上有一致性，使得建筑有良好区域功能划分的同时，不显得枯燥乏味。

图中③学生自述设计过程：

因为设计的是整体体块，所以要考虑放在哪一侧，最终放在了中间偏北的位置，这样主入口和次入口的周围都有富余的空间，而且室外的场地也可以分布在建筑两边。考虑到停车问题，把停车场地放在了主道路北侧和场地西侧，分别为机动车停车位和单车停车位。从总图上看，也比较舒服且合理。

教师点评：

图底关系设计合理，同学们都能有效地利用地形，处理好平面和场地的占比，以及建筑入口和形态等关系。

3）划分功能区块，确定各功能区块在基地上的位置。

依照不同的功能要求，将基地划分为若干功能区块。

4）明确各功能区块之间的相互联系

用不同线宽、线形的线条，加上箭头，表示各功能区块之间联系的紧密程度和主要联系方向。

5）确定各功能区块在基地上的位置

根据各功能区块自身的使用要求，结合基地条件（形状、地形、地物等）和出入口位置，可以先大体确定各功能区块的位置。

6）估算各功能区块面积

各个功能区块应根据设计任务书的要求和自身的使用要求采取套面积定额或在地形图上试排的方法，估算出占地面积的大小并确定其位置与形状，一般先安排好占地面积大、对场地条件要求严格的功能区块。

如学生设计草图所示：

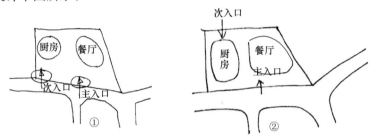

图 3-17　设计草图（4）

（图片来源：学生自绘）

草图中①学生自述设计过程：

按照任务书要求计算面积，按照图底关系估算各个空间区域的面积大小和形状，在图底上试排。初步规划好内外人员交通流线，从整体到局部分析计算，来控制建筑的房间布局和形状。

图中②学生自述设计过程：

先定下来大概外形后，按照任务书上对各个分区面积的要求，在草图上估算排布，且按照常理和要求分布内部交通流线，分区块布置。争取每个房间的面积和位置合理以及准确。

教师点评：

两位同学都选择将厨房放在西侧，远离人群主要使用位置，将餐厅与主入口位置结合，布局合理。

7）房间布局设计

第一步是对每一功能分区内的房间布局要从整体到局部分析，第二步是动手操作前要设想目标在形体上有什么打算，以此来控制房间布局走向。

（1）对形体的设想

乡镇田园建筑，体量上多是化整为零，以院落设计代替集中式设计，有室外场地或是二层露台来体验田园风光。屋面多为当地人字形坡屋顶，层高通常在 2～3 层。

（2）平面布局

餐馆的组成可简单分为"前台"及"后台"两部分。前台是直接面向顾客、供顾客直接使用的空间：门厅、餐厅、雅座、洗手间、小卖部等；后台由加工部分与办公、生活用房组成，其中加工部分又分为主食加工与副食加工两条流线。"前台"与"后台"的关键衔接点是备餐间。

备餐间连接厨房与餐厅就餐区，所以备餐间是重要纽带，核心房间。在设计餐厅功能时，可将任务书包间设于二层，局部做露台，便于观景，体验田园式风光。尽量避免客人流线与服务流线重合或交叉，送菜服务与收餐具服务应按顺序进行，不要产生倒流。服务流线不要过长，更不能穿越其他的公共区域。

厨房作为辅助房间，整个加工过程呈封闭状态，这是西餐厨房及大部分中餐厨房用得最多的形式。要考虑主食副食从生食运来，储存、加工及备餐的流线设计。

其他辅助用房设计，洗手间应靠近大厅，但不能将门直接开在大厅的侧墙上，必要时利用屏风、石景、水景、绿化等加以遮盖。

楼梯间设计时，一般来说主要楼梯应放在门厅附近，以便尽快分流人群。次要楼梯作为后勤疏散。

8）剖面设计

找一个典型能代表不同空间变化的部位，推敲内部空间变化效果，确定层高、屋面形式设计，在剖面图上要表达柱梁板结构关系、室内外高差处理等。

9）立面设计

最主要的是处理好统一与变化的辩证关系，形式服从功能：不能因为单纯追求形式美而影响使用。正确运用形式美的构图规律：要注意整体与局部和谐统一。造型总效果表现出显著的特征与风格，如地方民俗风采、历史文脉特征。立面设计要结合造型变化与材料搭配。

10）多方案对比整合

对阶段性成果进行整理。这个阶段方案的基本形体关系、功能分区、交通流线已经确定，总图布局模式、外部交通系统也已经确定。需要对之前多个方案比选结果进行整合，以便确定方案深化方向。

2. 方案初步设计（二草阶段）

在一草草图基础之上，二草要深入构思，完成双线表达，细化平面设计完整绘制总平面图、平面图、立面图、剖面图，并且完成立面造型设计，结构设计选型。

1）首先完成总平面图的初步设计

（1）根据总图构思。先画出基地轮廓周边道路及建筑外形。注意建筑形体轮廓用双线表示，画出准确的屋顶投影并注明层数，注明各建筑出入口的性质和位置。

（2）画出详细的室外环境布置（包括道路、广场、绿化、小品等）。

（3）正确表现建筑环境与道路的交接关系；标注指北针（上北下南）。

2）其次完成平面图的初步设计

（1）房间平面布局

首先确定竖向上各层房间布局，再考虑每层的平面布局。在竖向布局上优先考虑厨房和包房位置。厨房因面积大、运送货量大，不适合放在二层，且应靠近内院布局，尽量远离主入口位置。包房位置相对独立，就餐环境较为安静，且可以结合包房设计观景平台，建议布置在二楼。

确定了竖向房间布局之后，就可以思考每层的平面布局了。

就餐区域：营业大厅邻近主入口门厅，可灵活分隔，设置100～120个座位。就餐区为平面布局中的中区，前邻公共区域，后接厨房制作区域。邻近室外就餐场地。

　　厨房区域：厨房区域有主食初加工、主食热加工、副食初加工、副食热加工。这里主食初加工需要与主食库有方便联系，而主食库需要与厨房出口紧邻。主食热加工是将主食半成品进一步加工，与备餐间有直接联系。副食初加工进行清洗和初加工，需要与副食库有方便联系，副食库也需要与厨房进货口紧邻。副食热加工负责煎炒烹炸，与备餐间紧密联系。厨房与餐厅交汇处的核心功能就是备餐间，备餐间紧邻洗涤消毒室布置。

　　公共区域：包括门厅兼休息厅、付货柜台兼收银。这部分功能应在建筑主要出入口位置布置，不能阻碍门厅流线。

　　辅助区域：员工休息室、更衣室、办公室等管理用房面积小，且可以邻近厨房，与工作人员出入口合用。

　　如学生设计草图所示：

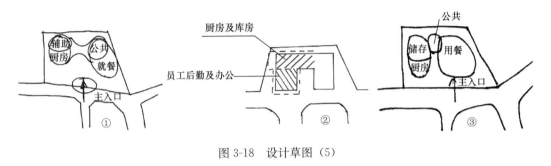

图 3-18　设计草图（5）
（图片来源：学生自绘）

　　草图中①学生自述设计过程：
　　计划一层放餐饮、公共、厨房、办公，二层放套房、观景平台。
　　主入口连接公共区和餐饮区，安放 100~120 个座位。空间灵活分布，休息区、前台、合理分布在大厅处，保证服务的整体性。次入口连接厨房、办公，厨房分为主食区和副食区，两者均通向备餐间和消毒间，面向就餐区的游客。

　　图中②学生自述设计过程：
　　该餐饮建筑员工及后勤部分，位于该建筑物南侧。为员工提供了一个较为安静的工作与休息环境。并且与北侧的厨房及其库房功能区较为靠近，餐厅能够更加高效地工作。北侧厨房以总体式布局，避免了工作区较为分散，从而导致工作效率低的问题。

　　入口接待区域有充足的待客空间，接待区拥有能够让顾客快速到达二楼用餐区域的楼梯，并且在更北侧的餐品配送区有两部餐梯能够满足餐厅送餐需求，将工作人员的交通空间与顾客明确划分。

　　二楼餐饮建筑大部分顾客的用餐使用区域集中于二楼，能让顾客在用餐的同时，享受周边地区风景。将包房区域与顾客用餐区相区分。让包房区域内有特殊活动需求的顾客能够拥有较为舒适的空间，避免与一般来客相互打扰，让来到餐厅的顾客有一个舒适的用餐体验，同时在顾客用餐区也有两部送餐电梯，能够满足快速送餐需求。并且该餐饮建筑二楼拥有足够的室外空间，提升顾客对餐厅的体验感。

　　图中③学生自述设计过程：
　　一个完整的乡镇餐饮，应该有各种分区。把餐饮建筑进行三个分区，用餐区、办公区和厨房。由于主入口和次入口的位置，把办公区和厨房放在了北边，靠近次入口的位置，把用餐区放在了南侧，离主入口近。南边采光比北边好，这样设置能保证客人们用餐时的采光充足。且客人们进出餐馆也方便。

厨房放在一楼，方便运送食材和发饭。一楼的柜台也保证可以快速地接待客人。办公区放在厨房上面对应着二楼，工作人员可以从次入口旁边的楼梯上下楼。另一个楼梯放在离用餐区域近的地方，主要供外来客人使用。

在二楼设置了露台用餐区，可满足部分客人露天用餐的需求。

教师点评：

功能合理、分区明确，同学们可以合理利用泡泡图推敲功能分区，进而确定建筑方案。

（2）交通分析

此阶段的设计任务就是通过对水平交通与垂直交通的分析，把前一阶段设计内容通过廊串起来，横向与竖向形成有机整体。先检查功能分区流线组织是否顺畅，然后进行水平交通设计和垂直交通设计。

① 水平交通分析

从主入口进入门厅开始设计水平交通，场地主入口与建筑主入口呈一种对话关系，进入门厅有三条流线可走，向北进入厨房区域，向东进入餐饮就餐区，向西进入厨房区域。上到二楼进入包房，将走廊布置在北侧，包房在南侧，既节能又缩短走廊距离，便于观景。

如学生设计草图所示：

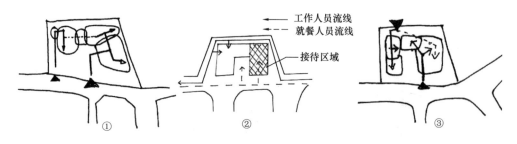

图 3-19　设计草图（6）

（图片来源：学生自绘）

草图中①学生自述设计过程：

交通流线分为两股，按照建筑形状划分为两个空间，一股是外来人员流线，主要连接大厅、餐饮、二层、观景平台；另一股是内部人员流线，使用办公和厨房，不对外开放。

图中②学生自述设计过程：

此餐饮建筑采用路线分流，将客人与工作人员使用路线明确区分，以避免餐厅周边路线冲突使用。其中工作人员使用的路线可快速到达该餐饮建筑的接待区域，厨房及库房区域，员工后勤及办公区域，可快速处理任何区域工作情况，并且员工可以通过该使用路线，高效地将餐厅所需食材送至厨房库房区域。而来客主要使用南方路线，可以快速地到达该餐饮建筑的停车区域，或是直接进入接待区，以便顾客快捷地接受服务。

图中③学生自述设计过程：

因为设计的是餐饮建筑，分成两拨流线，分别是外部客人流线和内部工作人员流线。

② 垂直交通分析

考虑楼梯间的位置，餐饮建筑有两层，就至少需要设计两部楼梯。一部为主楼梯，另一部作为疏散楼梯考虑。设置时一定要在已经确定的水平交通线上确定位置。确定主要楼梯位置，主要楼梯间通常设置在门厅附近，以便尽快分流，放在门厅注意不要造成人流拥堵，要保留门厅的完整性，可以偏向一侧布置主楼梯。

选取次要楼梯位置，次要楼梯间作为疏散考虑，要兼顾内部人员使用和疏散距离考虑。也可以与主楼梯一东一西布局，分散二层包房人流。

选取电梯位置，公共建筑要考虑无障碍设计，电梯不宜布置过多造成浪费，要结合主门厅的主要楼梯间一起考虑位置。

如学生设计草图所示：

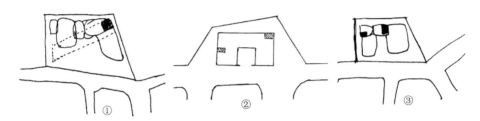

图 3-20 设计草图（7）
（图片来源：学生自绘）

草图中①学生自述设计过程：

内部人员使用的厨房和办公只有一层，所以无需电梯。在公共和大厅需要一部楼梯连接通向二层套房，二层套房外还设置环廊和栈道，通向周围的道路和稻田。

图中②学生自述设计过程：

根据餐饮建筑规范要求，该餐饮建筑设计中需要两部楼梯，其中一部为客人使用，人流量最大的主楼梯，并且该主楼梯靠近门厅位置以方便使用。

次楼梯间分布于工作人员工作区，并且与二楼包房位置相对应，可以满足疏散要求，既能提供工作人员疏散需要，也可以满足包房顾客疏散需求。

图中③学生自述设计过程：

客人们和工作人员的楼梯也是分开的，不会出现杂乱纷扰的情况。客人流线连接用餐区，卫生间和主入口正门；工作人员流线连接办公室，厨房和次入口。

教师点评：

有同学只考虑了一部楼梯，这是不满足防火疏散的，同时也要按照功能分区合理疏散人群，本项目要考虑至少两部楼梯，一部在前区（公共），一部在后区（后勤）。

③ 卫生间布局

公共建筑都需设置卫生间，结合任务书要求，本次设计卫生间宜设计两处，一处在就餐大厅附近，要考虑视线遮蔽，一处方便厨房后勤人员使用，面积略小。在选定楼梯、电梯位置的同时，要考虑卫生间的布局。

此阶段只是图示思维的推敲，平面功能暗示了体量组合关系，但并不是方案本身，想要明确二草方案，尚需建立结构体系。

如学生设计草图所示：

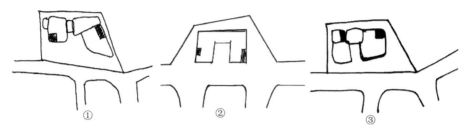

图 3-21　设计草图（8）
（图片来源：学生自绘）

草图中①学生自述设计过程：

因为建筑划分成两部分，所以安放两处卫生间，每个空间都要有对应的卫生间服务人员。卫生间的安放要相对隐蔽，最好放在走廊的尽头。大厅卫生间的入口设置隐蔽，在大厅、餐饮、交通的连接部分，方便使用。

图中②学生自述设计过程：

该建筑将工作人员活动区域与顾客活动区域明显划分开来，所以在东西两侧分别将顾客卫生间使用区域与工作人员卫生间区域放置在不同区域，并且卫生间区域都分布于角落或是与厨房功能或用餐功能较远区域放置，隐蔽性较好，同时也方便使用。

图中③学生自述设计过程：

建筑分为两层，每层都要设置卫生间。且卫生间需分为工作人员使用的和客人使用的，避免发生冲突。卫生间不宜距离用餐区域太近，所以把卫生间放在楼梯口附近。

教师点评：

在卫生间的设计上，同学们都能想到既方便寻找，还不影响营业效果。同时，还设计了工作人员卫生间，设计合理。

④ 建立结构体系

通过合理的结构形式，将功能配置关系与结构关系统一考虑，达到各房间面积都符合设计要求。由于餐饮建筑有很多大房间，功能要求开敞，因此，首选框架结构为宜，接下来就是确定开间尺寸。根据框架结构设计常用开间尺寸 6～8m，比较符合结构受力特点。但是包房面积小，整个餐饮建筑面积不大，结合造型考虑小尺度感的设计要求，柱径和梁高不能过大。故要缩小开间，以获得相适宜的柱径和梁高。尽管未能最大程度发挥框架结构性能，但从体量和造型整体考虑，要有所取舍。那么开间取多少合适呢，看任务书里的包房和办公用房反复出现 30m²，因此大量 30m² 的房间可以采用 4m×7.5m，5m×6m 这样的面积。对于餐厅和厨房建议按总面积设计，再在其中进行分割空间。

下一步取走廊宽度，办公室和后勤区域通常在 2.4m 左右，包房和大厅要结合设计考虑。

如学生设计草图所示：

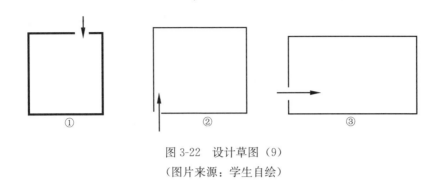

图 3-22 设计草图（9）
（图片来源：学生自绘）

草图中①学生自述设计过程：

包房采用 5m×6m 开间，因为房间进深空间不能大于 2：1，根据任务书的要求修改面积，根据建筑形体改变包房的形状。

图中②学生自述设计过程：

包房采用 6.1m×5.1m 开间，根据任务书的任务要求，并且考虑了均匀分布于建筑形体当中。

图中③学生自述设计过程：

包房采用 7.5m×4m 开间，是根据任务书提供的面积范围和联合分布情况所选择的面积。

教师点评：

本次设计决定柱网开间的主要房间就是包房，所以从包房入口做柱网是正确的，②号同学柱网过于零碎，可按整数考虑。

3）完成立面图、剖面的初步设计

平面确定之后，就要开始绘制立面图了，立面设计反映建筑物功能要求和建筑个性特征。反映结构材料与施工技术特点。建筑立面设计要符合建筑构图的基本规律：统一与变化，均衡与稳定，对比与微差，韵律与节奏，比例与尺度。建筑体型的组合设计要遵循这些原则：完整均衡、比例恰当、主次分明、交接明确。体型变化可以遵循以下手法：增加、消减、膨胀、收缩、旋转、倾斜。

立面设计中的比例与尺度协调，可以让立面完整统一。立面设计中窗和构件排列的节奏感基本可以分为三种，横向划分、纵向划分和大面处理。在本次设计中餐厅的立面处理可以采用大面处理开窗的手法，而包房、厨房可以采用横向划分方式。

立面设计就是要设计开窗，在何处开窗，开多大的窗，是设计师重点研究内容。遵循"以人为本"的原则，人是建筑的使用者和观赏者，因此先满足人的生理和心理需求。窗也称为采光口，最初意义即引入外部的光线满足人的基本使用要求。窗的另一个最初意义就是组织内部的自然通风。窗不仅提供光线、空气，更重要的是提供了和外界的联系。另外立面设计还要尊重环境原则，环境包括自然环境和城市环境。自然环境要考虑沈北的气候特点和地理环境，立面开窗不宜过大，要考虑北方建筑节能。

剖面设计主要是要考虑层高问题，首层餐饮空间，大厅位置可以按 4～4.5m 考虑，办公区层高控制在 3～3.5m，二层可比一层层高低，二层按 3.6～4m 考虑。

4）效果图设计

此时可以在绘制效果图之前先用一些泡沫板、纸板之类工具做简单模型，推敲形体。手绘局部透视，或者带有主要展示面、主入口位置的效果图，用于推敲和下一步深化设计。

5）双线表达图纸细节

确定好的各层平面、立面、剖面和总平面图，可以使用尺规工具，利用针管笔双线表达图纸，在硫酸纸上绘制二草草图。

3. 方案深入设计（三草阶段）

三草阶段着重于深化方案、尺规制图、绘制效果图、绘制分析图、设计排版等方面。

1）利用尺规作图的总平面绘图要求

总图表现：总图主要从阴影、环境等方面着手。阴影选用灰色系马克笔，据建筑形体的设计，示意性地刻画阴影以反映形体间的组合。环境用马克笔勾边，再用彩铅淡抹，色彩从主体向周边逐渐虚化。

二维色彩的表达要运用衬托原理，在明度、色调、颜色色相上加以简单区分，以突出要表现的主体。色彩的添加起到了"润色"的作用。

2）利用尺规作图的平面绘图要求

（1）首层平面表现：首层平面除明确反映建筑自身的组织结构关系外，还应反映出与基地环境的关系，如建筑的主次入口、周边道路环境、停车场和车位等。基地环境的刻画依据用地的规模来定，较大则采用渐虚的表达方法，只保留贴近建筑外墙的部分；如果基地较小，建筑用地较满，则应全部画出。绘制步骤：确定轴线关系，用模板画门的位置；外墙沿轴线作双线，填实分出门窗，内墙沿轴线加粗；用前述方法画出楼梯、电梯及卫生间，深入刻画环境。以总图为依据，适当微调基地红线与建筑的关系。尺规作出停车位，结合圆模板，徒手做出环境绿化配景。

首层平面应有指北针，方向与总平面图一致；混凝土柱、剪力墙等承重构件涂黑表示，填充墙、幕墙不涂黑；卫生间、厨房等涉及上下水设备的房间绘制家具设备；房间名称应直接标注在房间内部，不得以编号的方式在平面外标注。标注剖切符号，剖切位置应与剖面图对应；上层有挑空部分其轮廓以虚线表示。

（2）其他层平面表现：由于建筑体量布局的关系，平面图既反映一部分室内空间，又可反映一部分屋顶投影。方法上参照总图的画法原则进行描绘。屋顶构架、玻璃中庭等细部，着墨不多，却显著地增加了图画的精致程度和整体的感染力。

二层以上图片方向与一层平面一致，其他要求与首层平面一致；楼板开洞处以折线符号表示；画出该层以下各层屋顶外轮廓；各层平面均应标明标高，同层中有高差变化时亦需注明；需进行室内家具、卫生设备布置。

平面图表现：主要关注室内功能分区，用轻淡的色彩表达出各功能模块，或交通区域均可。重点部位（如大堂、中庭、庭院等）以细部的线条刻画为主，添加色笔。

3）利用尺规作图的立面、剖面绘图要求

（1）立面图的绘图要求

其中一个为主入口立面或沿街立面，要求画配景。

平面未标轴号的立面以东、南、西、北立面命名，平面标轴号的立面以某轴—某轴立面命名。

立面需根据体量前后关系画出阴影以表示凸凹关系。制图要区分粗细线来表达建筑立面各部分的关系。

立面表现：画出墙面分格线和控制线，横向贯通，不考虑竖向分割关系；立面风格的整体性，主要在于刻画玻璃，区分墙面与窗面。较大的玻璃直接用马克笔加以表现，稍注意笔触的组织，小面积最好用彩铅。立面图还应注意阴影的表达，可以用灰色的马克笔。

（2）剖面图的绘图要求

剖在门厅、楼梯或高差变化多的部分，标注标高（室内外地面标高、层高标高）。

剖面图结构梁板部分涂黑，墙线为加粗黑线，标注标高。

剖面表现：剖面图画法相对简单，一般采用框架结构，主要素就是板、梁、柱。板可直接用粗线画出。另外特别注意室内外高差的表示和屋顶女儿墙处的画法，这是经常出现问题的地方。

如学生立面设计图所示：

南立面图1:100

北立面图1:100

图 3-23 学生立面设计（1）

（图片来源：学生自绘）

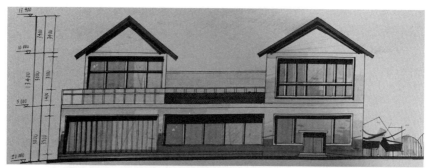

东立面图1:100

西立面图1:100

图 3-24　学生立面设计（2）

（图片来源：学生自绘）

4）完成效果图的初步设计

一点透视：当画面平行于建筑的正面或一个主要的立面时，就产生了一点透视。与画面平行的线保持原有特征，与画面垂直的线共有一个灭点。一点透视由于在画面中只有一个灭点，透视关系及作图较为容易，作为透视训练的起始阶段可采用。较适用于体块简洁、中心入口突出、建筑主立面较宽广的建筑设计。

图 3-25　一点透视图

（图片来源：学生自绘）

两点透视：画面与建筑物主体成一定角度，有两个灭点。两点透视符合平时的主要视觉观感，能较多地反映出建筑的形体关系。

鸟瞰图：鸟瞰图可最丰富地传达建筑设计信息，表现内容较多，环境刻画较多。

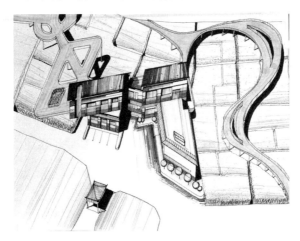

图 3-26 鸟瞰图
（图片来源：学生自绘）

5）分析图要求

分析图包括构思草图、区位分析、流线分析、功能分区、场地分析、景观分析、体块生成、剖透视、剖轴测等，至少 3 种。

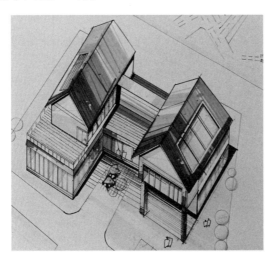

图 3-27 轴测图
（图片来源：学生自绘）

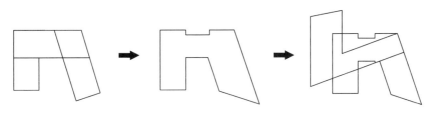

图 3-28 构思草图
（图片来源：学生自绘）

6）指标及说明要求

经济技术指标：用地面积、建筑面积、车辆泊位数、建筑密度、容积率、绿化率等。

建设用地面积：是指项目用地范围内的土地面积。包括建筑区内的道路面积、绿地面积、建筑物所占面积。

建筑面积：是指建筑物外墙外围以内水平投影面积之和。

建筑密度：建筑物总基底面积与总用地面积的比率（百分比表示）。

建筑容积率：建筑总面积与总用地面积的比值。

绿化率：项目规划建设用地范围内的绿化面积与规划建设用地面积之比。

4. 正图

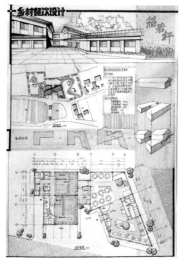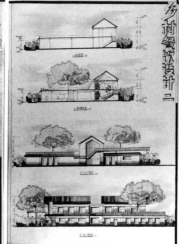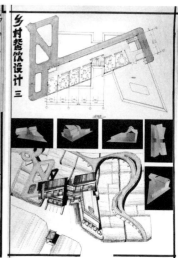

图 3-29　设计作业（1）

（图片来源：毕一杭绘）

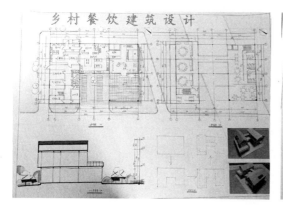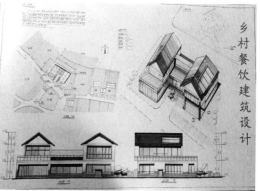

图 3-30　设计作业（2）

（图片来源：李芮融绘）

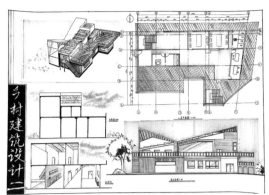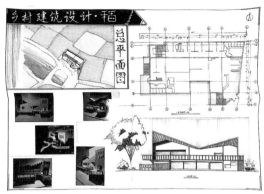

图 3-31 设计作业（3）
（图片来源：李嘉仪绘）

3.2 旅游文化类建筑设计教学过程解析

3.2.1 旅游文化类建筑设计基本概念及任务书解读

1. 理论

随着改革开放政策的实施，增加了居民的收入，从而提高了生活水平。同时，快节奏的生活方式、工业城市环境的日趋污染，使得大量的城市居民以休闲度假为目的走进乡镇。同时铁路、公路等交通设施的发展，大大地改善了农村的通达性，为乡镇旅游发展提供了前提条件。国外乡镇旅游的成熟理论和实践经验也促进了我国乡镇旅游的发展。乡镇旅游的资源与自然有着不可分割的紧密关系，旅游过程又具有一定的参与性，因此能够让游客真正地从感受性的旅游行为向参与性的旅游行为转变，从而增强旅游吸引力。近些年，乡镇餐饮建筑的发展不仅依托与农业相关的旅游资源，也依托自然风光、人文景观、遗址遗迹等各类旅游资源得以不断发展。以东北沈阳地区为例，就可以发现以旅游文化为主题的乡镇餐饮的数量之多，规模之大，影响之广，已经成为餐饮中一股不可忽视的新生力量。

1）新建乡镇建筑组群规划设计基本原则

（1）秉承村落的肌理和空间形态

对于真实的乡镇村落来讲，单一某户建筑的功能、造型、材料都很简朴，一切以生产、生活需要为出发点，但是当每一户简朴的宅院组合成为一个村落时，就会形成异常丰富的空间。因此，村落最大的魅力在于其整体。整体的规划以村落为原型，继承了村落中的肌理和空间形态，这是规划中的最基本原则。

① 村落肌理

村落肌理给人感受最深刻的是两个方面的视觉感受和空间感受。其一，建筑肌理或是道路肌理。在村落中建筑的组合方式和布局位置与村落中的道路有着明显的图底关系。建筑组合规则必然形成以直线构成为主的路网系统；反之则形成以曲线为主的路网系统。这种空间是穿行于其中的人感受最直接的。其二，建筑第五立面的肌理。村落中的建筑第五立面，即屋顶的形式、大小、材质以及组合方式所体现的整体肌理，在较高的观测点可以一览无余地感受到，尤其是在一些古村落中，这一肌理效果更为突出。新建的村落肌理也应该从以上两个方面得以表现。不能生搬硬套，应该在设计中根据具体的情况，灵活地继承符合地域特色的村落肌理。

② 村落形态

村落形态由三个主要部分组成：村落布局、建筑形态和道路形态。

村落的布局受到村落边界的制约，村落的边界多与自然环境相连接，这时代表村落的建筑轮廓就会清晰地显现出来。村落的布局也在边界以内展开。新建村的边界通常是规划的用地界线，其布局形式也是在多种技术指标的衡量下产生的。因此，由于布局受到各种因素的限制，很难真正地还原原始村落的布局特点，只能在允许的范围内达到最佳效果，利用各种空间限制手法，明确村落边界，突出村落标志物和功能布局。

建筑形态包含的方面很多，归根结底就是建筑地域性的表现。建筑形态应该选择与其所处地域吻合的建筑形式。

道路形态是最值得重视的，主要是因为旅游区的道路是游客参观的路线，游客的旅游感受常在行进过程中产生。道路形态是两侧墙面、地面铺装这三个界面按不同比例围合的结果。对于道路形态的设计要以村落道路形态为母本，兼顾人的空间感受，营造亲切、宜人、实用的道路环境。

（2）道路交通系统

道路系统设计应以村落的道路肌理作为参考，主要分对外道路和内部道路。对外道路决定了建筑与外界间的通达性；真正村落内部道路的作用主要是满足村民生产和生活的沟通需要，而在餐饮建筑中内部道路是游客在村中的主要游览路线，也是经营者与游客各种交流、沟通发生的场所，更是村落经营所需物资进入各个经营单体的流线。在此主要侧重内部道路流线的设计。

① 人流与车流

a. 步行街巷

村落中的内部交通空间是街巷，依据村民生活的需要和实际情况确定道路尺寸，交通方式以步行为主，街巷既满足村民的交通需要，也满足村民生活交往需要。村里秉承村落的空间形态和生活习惯，设计中应该尽量考虑步行道路。交通设计的总原则是一切为了游客考虑，步行街巷的合理设置，尤其是街巷与景观紧密结合后的村内交通空间将为游客提供一个亲切宜人的游览路线，更加逼真地还原真实村落中的空间感受。

b. 机动车道路

当下，伴随着旅游业的迅猛发展，旅游交通工具也更为现代化，多为机动车辆，其中的私家车数目在与日俱增，为此在旅游区乡镇道路规划中车行道路是不可缺少的内容。同时，为村内各个经营户运送物资也需要考虑车辆的进出问题。车行线的设计要注意两大原则：一是不影响村落内部环境质量，明确车行与人行分流；二是车行道路宽度满足消防要求，加强道路绿化的强度。

② 停车场

景区旅游为村落带来了大量的游客，游客无论选择哪种出游工具，都要涉及交通工具的停靠问题，所以要合理设置停车场，尤其是结合村落交通系统设计。停车场的设计原则有以下几点：

a. 设计充足的停车面积。旅游高峰期游客量的增加必然需要足够的停车面积，设计之初就要留有余地。

b. 停车场应选址在餐饮建筑的边界附近。考虑规模较大，应尽量在村落边界外设置，避免对村落的整体空间尺度上造成不必要的影响。

c. 停车场应结合景观设计。

d. 村落内要设计必要的地上停车场，杜绝宅前停车。

（3）人聚空间

人聚空间在自然村落中，就是村民相互交往的公共性空间。人聚空间的形式也是多种多样的，可以是精心营造的家族祠堂、戏台、凉亭等；也可以是自发形成的大树下、街巷口等。无论是什么形式的人聚空间都具有强烈领域感。

规划中应该充分考虑人聚空间的设计，积极的人聚空间它可以有效聚拢人气，烘托乡镇餐饮经营的商业氛围。结合景观和公共设施设计的人聚空间也可以为游客提供一个休憩、交流的场所，成为整个建筑的核心休闲空间。

2）新建乡镇餐饮建筑设计原则

（1）建筑功能空间设计

餐饮建筑设计首先满足其功能的要求。正如前文所论述的，所提供的各类功能服务注重质量，保证良好的卫生、安全前提下，更要营造良好的功能空间，注重空间品味。

① 承载各类服务内容的建筑及建筑组合分区明确，联系方便。餐饮、住宿、休憩、娱乐、购物等各种功能的合理布局，静闹分区，避免不利干扰，利用合理的交通联系，使游人在其中各取所需。

② 各类功能空间的形式多样可营造出丰富多变的空间。建筑的各类空间形式，不受到过多的限制，这与改建型餐饮建筑相比表现出明显的优势。各类功能空间可以随设计者的构思灵活布置，营造的空间形式也不尽相同。以就餐空间为例，可以设计室内就餐空间、室外就餐空间；空间性质也可以设定为公共就餐空间、半公共就餐空间、私密就餐空间；空间限定手段也可以根据所选择的材料表现出不同的空间效果。

（2）建筑地域性——形象设计

建筑的形象反映在两个方面，即建筑组群整体形象和建筑单体形象，单体建筑的形象又是构成建筑组群的单元。无论处于何地的建筑都应该以该地域范围内认同的村落和民宅形象为参考，设计出符合地域特点的建筑。为达此设计目的，主要采用以下两原则：

① 继承形态的设计

乡镇餐饮建筑应该继承地域性建筑形态，这里的建筑形态更加侧重于建筑的空间形态。建筑的空间形态是建筑地域性的最直接表达，例如北京民居建筑的四合院空间是最典型的空间形态；黄土高原的窑洞式建筑空间形态；关中民居的晋陕宅院空间布局；蒙古族聚居地的蒙古包建筑空间，这些特色鲜明的建筑都具有各自的空间形态，即使再次设计中有所改动，但是建筑空间的神韵依然清晰可见。

②提取和保留建筑元素的设计

各地建筑在长期的演进中，虽然时刻在改变着，但是在这个改变的过程中有一些被人们广泛认同的建筑元素却保留了下来，成为该地区建筑的地域性标志。这些建筑元素不仅是建筑细部造型，也包括建筑的材料和建筑的营造做法。例如，马头墙、垂花门、门楼、坡屋顶、月亮门、窗、门等。

2. 任务书解读

1）教学目的

详见 3.1.1 节第 2 条任务书解读。

2）建筑规模

总建筑面积：320m²（以轴线计算正负不超过 5%）。

3）设计内容

设计明细表　　　　　　　　　　　　　　　表 3-5

空间名称	使用面积（m²）	备注
1. 用餐区域	150	
营业大厅	120	可集中和分散布置座位，50～60 个座位，灵活有序分隔，包括吧台，座位安排应提供开敞式和半私密式的两种布局并保证大多座位有良好的景观朝向及自然通风条件
单间包房	15×2	
2. 厨房区域	28	
库房	8	存放食品、原材料
加工间	20	进行清洗和加工，与库房有方便的联系
3. 公共区域	30	
门厅	15	室内外过渡空间，引导客人进入，并提供一组沙发茶几，满足等候功能
付货柜台	15	食品与饮品陈列和供应，兼作收款。应结合门厅或营业厅设置
4. 辅助区域	56	
卫生间（客）	20	男 10、女 10，设施齐全
更衣室	12	男、女各 1 间，设更衣柜，洗手盆
卫生间（员）	12	男、女各 1 间，设厕位、洗手盆
办公室	12	
5. 交通空间	56	包括楼梯、电梯、走廊等
总计	320	

4）设计要求

具体任务书设计要求及内容，详见 3.1.1 节中第 2 条任务书解读。建筑主体高度不宜超过二层，局部可以夹层，建筑要以旅游文化式乡镇餐饮建筑主题，突出本土地域文化特色。建筑整体形象应考虑文化艺术性、纪念性以及环境特色；同时考虑室外场地景观设计。

5) 图纸内容

具体图纸表达要求和内容，详见 3.1.1 节第 2 条任务书解读。

6) 绘制要求

（1）平、立、剖面相互符合，注明比例尺或尺寸线。

（2）线条粗细疏密有致，图面分四等线（从粗到细）：

① 最粗线：如剖面、立面的地平线等。

② 粗线：如平剖面墙线、剖面层顶、楼板线、立面轮廓线等。

③ 细线：如立面门窗线、平面家具及各种投影线等。

④ 最细线：如立面墙面及门窗分格线等。

（3）图面整齐，字迹工整，构图匀称。

（4）注明班级、姓名、交图日期、指导教师、建筑面积等。

（5）尺规绘制。

（6）各项图纸具体表达要求

① 平面

a. 注明房间名称，绘出餐厅的家具布置、底界面空间划分、卫生间的洁具布置。

b. 表明门的开启方向。

c. 首层绘出台阶、平台、花池、散水、绿化、铺装和景观等环境设计内容。

d. 其他各层只需绘出其下层屋顶平面可见线。

e. 绘箭头标明主次入口，注明剖切线、楼梯、台阶上下方向等。

f. 注明各层建筑标高（以一层室内地坪为±0.000）。

② 立面

a. 表示建筑体型组合关系，建筑外轮廓加粗。

b. 区别各种建筑材料、墙面的划分，檐口、勒脚的处理。

c. 正确绘制门窗的大小、玻璃分块。

d. 可通过阴影表现建筑体形和起伏变化。

e. 注明各主要部分的建筑标高。

f. 适当绘制建筑配景。

③ 剖面

a. 剖切位置应选在标高显著变化处，尽量剖切到门与窗。

b. 剖线与可见线粗细有别。

c. 剖到的梁板部分应填充。

d. 注明各主要部分的建筑标高及尺寸标注，标注各层层高及建筑总高度。

e. 适当绘制建筑配景。

④ 总平面图

a. 绘指北针。

b. 建筑屋面及各层的平台露台。

c. 表示建筑层数与建筑阴影。

d. 强调出入口位置。

e. 表达建筑与周围道路、水面、建筑物的关系。

f. 设计建筑的周围环境。

⑤ 分析图

包括构思草图、区位分析、流线分析、功能分区、场地分析、景观分析、体块生成等分析图至少三种。

⑥ 透视图

室外透视图1个，可平视或俯视，表现建筑的体形关系、材料质感及细部设计，以及建筑与环境的关系。

7）图纸要求

（1）图纸尺寸：一号图幅（841mm×594mm），张数自定。

（2）尺规制图，表现方式不限。

（3）表现图大小不得小于A3图幅，表现方式不限。

（4）图面要求完整、统一、整洁，字迹工整、清晰。

3.2.2 旅游文化类建筑设计调研

以旅游文化为目的的乡镇餐饮建筑设计不同于其他城市内的餐饮建筑设计，因其具有独特的载体和文化内涵，故在进行设计之前的调研就显得格外重要。该阶段首先需要广泛收集资料、认真分析整理，归纳出特定的功能需求，既包括功能分区与流线布置等物质方面，也包括空间氛围与视觉感受等精神方面，并进行方案最初选址。

1. 调研方法

1）资料查询法，原指推销人员通过查阅各种现有的信息资料来寻找顾客的方法。在西方社会，一些国家拥有十分发达的资料系统，为推销人员查阅各种信息资料提供了方便，因而资料查询法是西方国家推销员寻找顾客的一种常用方法。而在我国，各类信息资料的收集、整理和汇编还较为欠缺，现阶段尚未形成较为系统化的资料网络，可供推销人员查阅的资料比较有限，主要有：工商企业名录、统计资料、产品目录、工商管理公告、信息书报杂志、专业团体会员名册、电话簿等。

2）实地考察法，指为明白一个事物的真相，势态发展流程，而去实地进行直观、局部的详细调查。进行实地考察时要先明确考察的对象和目的。考察什么，为什么要考察，是考察之前必须弄清楚的问题，否则盲目考察将难以收到预期效果。进行实地考察时要注意了解事物的总体与局部。在一般考察总体的基础上，重点考察有代表性的局部。没有重点考察，总体考察就会显得浮泛；而光有局部的重点考察没有总体考察，印象会变得支离破碎。进行实地考察时要注意边考察，边分析，边记录。所谓"考察"，就是思考与观察。在考察过程中，要随时对自己观察到的现象进行分析，努力把握住考察对象的特点。考察报告是种说明性的文章，它要求对事物的说明具有准确性，因此在考察过程中，对一些能够具体说明事物的材料要做必要的记录。要注意使用多种方法进行观察。

2. 调研内容

这个阶段主要是对设计项目进行深入了解，对村庄进行大量的调研工作，很多设计师往往会忽略这个过程，乡镇旅游餐饮建筑的设计项目一定要建立在深入调研的基础上，充分发掘乡镇中的地域特色，主要包括以下几个方面的调研工作：

自然环境调研：主要工作是调研村庄周边自然环境的可利用情况，如山川河流、瀑布小溪、森林田野等自然元素可以被利用的程度，并作出相应的评价，对村庄周边的地形地貌、项目所在地动植物的情况进行深入了解。

建筑特色调研：对设计村庄老建筑或传统建筑的形式、装饰特色元素、建筑材料、色彩等进行深入的调研，并进行记录。需要记录建筑的平面布局、院落的平面布局形式、主要出入口、各个功能的位置等，同时需要了解项目村庄的人口、生活习惯等，将村民的居住舒适度放在项目设计的首位。

生产生活基本情况调研：主要包括农作物的种植状况、林业、畜牧业、养殖业的基本情况，深入地了解村庄的基本情况和需求。

民俗习惯调研：一些特色村落之所以具有独特的魅力就是因为居住在其中的人们有着不一样的风俗习惯，或者是因为民族原因，或者是因为地域原因，总之在前期调研时要深入走访当地特色的传统艺人或匠人，对于特色的民俗文化一定要掌握第一手的资料，以便日后设计时将其进行提炼总结。

区位分析：本地块位于辽宁沈阳市沈北新区单家村，靠近著名景区稻梦空间，周围稻田景观丰富，人流量大，游客绝大多数来自沈阳市区或者周边城市，其中亲子家庭是主流人群，职业以学生和上班族为主，游客的平均文化水平较高，适宜设计以旅游文化式为主题的乡镇餐饮建筑。上述特点对建筑的功能、形式等都会产生影响，在此总结以下几个方面：

① 游客多是年轻人，以休闲度假、品尝乡镇美味为目的来到单家村，因此在餐饮功能设计中，餐饮空间的大小和形式应该灵活多变，满足不同人数游客的要求，满足年轻人活泼、好动的心理行为特点。

② 人的审美水平直接受到文化水平的影响，旅游文化类餐饮建筑表现更为明显，多是对自然风格、田园野趣感兴趣的人才会选择这种旅游方式，因此游客的职业性质和文化水平较高就决定了游客作为建筑使用者对建筑有较高的审美要求。

③ 单家村距离沈阳市区的距离适合于游客当日往返，这一出行特点决定了建筑中游客住宿不是主要功能，而在设计过程中对于建筑辅助设施的设计要加以重视，尤其要解决停车问题。

3. 编写调研报告

调研报告成果要求：

1）基地分析：基地地理位置分析、交通分析、周边环境分析、日照分析等。

2）实地调研：真实项目至少2个。总平面、平面功能及流线分析优秀案例至少1个。造型、立面方面分析优秀案例至少1个。

3）案例调研：优秀案例至少5个。总平面、平面功能及流线分析优秀案例至少2个。造型、立面方面分析优秀案例至少3个。

4）资料调研（原理、图集、规范重点摘抄、重点关注家具尺寸和摆布间距）

详见 3.1.1 节第 3 条"编写调研报告"。

4. 调研汇报及总结

1) 雷丹妮调研阶段汇报：地块位于单家村，其附近为稻梦空间风景区，主要客流量为游客，需要对应的风景区餐饮服务，此地块的优势即位于景区附近，客流量可观，但位于单家村内部，需通过增加入口引导人流，为贴合稻梦空间主题景区特色，建筑绿化建设应偏向景观设计，融合现代化景观特色，打造适合游客群体的休闲绿化场景。设计的主导思想以便民简洁、适应游客心理需求为主，充分发挥绿地效应，坚持"以人为本"，体现现代的生态环保型设计思想。本设计共分为四大功能区域：用餐区、备餐区、休闲区以及员工流通区；共设计五个入口。植物配置以乡土树种为主，疏密适当、高低错落，形成一定的层次感。主要以常绿树种为主基调，各色花、灌木搭配等。通过设计，成为满足游客需求的休闲地带。

评语：该学生对本次基地情况有一定了解，但比较粗浅，只停留在表面，未对周边环境进行深入分析，不利于建筑初期概念方案设计的形成。

2) 俞康彬调研阶段汇报：本次方案设计基地选择位于辽宁省沈阳市沈北新区兴隆台街道的单家村，单家村充分发挥村集体经济组织的作用，用单家村股份经济合作社这把"钥匙"，开启农村宅基地改革这把"锁"。由村股份经济合作社租赁农民宅基地，再以合作社名义打包转租给企业；由企业改建、翻建原有住宅房屋，使其达到经营民宿标准。同时，以村股份经济合作社入股方式对道路、坑塘等进行整体规划、建设，促进项目发展，从而壮大农村集体经济。单家村自然资源丰富，风景宜人，交通便利。同时随着近些年的旅游开发，附近的稻梦空间由于其得天独厚的地理环境与生态资源，造就了稻梦空间成为农文旅创的发展起点。致力于打造特色的小镇，以旅游业为建设重点，吸引了大批游客前来游玩。

评语：该同学在调研阶段还应对建筑场地的文化特点进行深入分析，比如根据当地的锡伯族文化资源，可以在旅游文化类主题上开展设计思路，调研的重点更多应该关注周边的建筑环境和现有建筑形式，应该在前期调研中就对场地尺度、建筑尺度做充分的整体掌控。

3) 杜沧笑调研阶段汇报：该地块地处景区，客流量大，但由于位于村庄内部，需要通过一个独特造型的建筑吸引人们前往。为契合稻梦空间主题景区特色，建筑绿化建设应偏重景观设计，融合现代化景观特色，通过在景观中引入各种元素，打造适合游客群体的休闲绿化场景。植物配置以各类易于养护的景观树木为主，形成一定的层次感，并且配合池塘与短距离步道进行造景，这些元素和谐地融入现有的地形。既要谨慎地进行布置，也要大胆地与周围的风景相呼应。在对场地进行分析后，为了符合村庄整体环境，在用地范围之内修建一座现代风格的餐厅，满足来此游玩的旅客和当地村民的用餐聚会或是休憩。

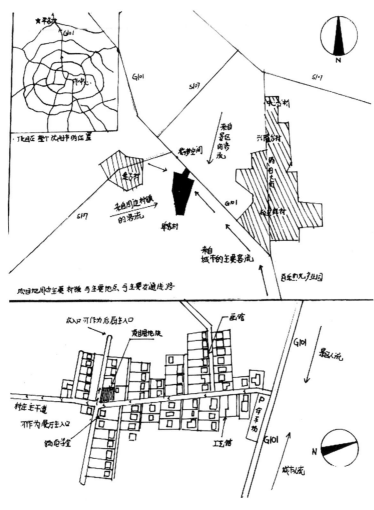

图 3-32　调研报告

（图片来源：杜沧笑绘）

3.2.3　旅游文化类建筑设计过程

1. 方案概念设计（一草阶段）

1）概念设计阶段：学生经过前期的理论学习、调研、资料查找以及任务书的解读，对整体设计应该有了初期的概念设计。所谓概念设计，即不准确地作图，只是把前期的一个想法做记录。在设计的初级阶段，设计师要保持跳跃的思维和敢于对多种想法的尝试，通过简单的线条表达一个完整的思考过程和分析思路，很多学生和初学者都会认为图一定要规整、要漂亮，这样才能在老师或者同行面前获得一个不错的亮相，进而在草图阶段就选择了尺规作图，这样往往适得其反。一系列"规矩"的操作会限制思路和时间，把宝贵的创作时间浪费在价值较低的机械操作上。所以草图要以线条为主，大多是思考尝试性的，往往是潦草的，大多记录的是灵感的闪现和元宇宙的意念，不会过分追求图面的效果和尺度的准确。

确定场地的"图底"关系：总平面设计中，建筑布局应分析所在地风向条件和主要人流动线因素，降低厨房的油烟、气味、噪声等对邻近建筑的污染。营业性的餐饮建筑入口位置应明显、易达，室外宜设置停车位。

总平面图：一草应在基地分析的基础上，表达总图中指北针，主要、次要出入口的位置，基地内部道路与外部道路的关系，场地中的广场、绿化景观、集散场地、铺装、停车场的大致位置，并表达其与建筑之间的关系。

2）方案概念设计——实例解析

（1）雷丹妮作品一草

一草阶段，主要针对外观进行设计，在保证简约的基础上，将长方体体块通过黄金比例分割为三个部分，按功能分区将体块的面积分割，同时将不同的功能分区进行合理安排，色彩以冷色调为主，主体为白色，低饱和的色彩对比与餐饮主题相呼应。主入口处增加模板装饰，白墙与木板结合，简约但不枯燥，南立面顶部进行造型设计，主入口以东的顶部墙面增加植物的点缀，使建筑更加生动，参考屋顶花园设计原理，进行围栏与植物结合的设计，增添视觉效果。窗户采用拱形，打破方形窗户的传统，主要在包间区进行开窗，增强顾客用餐体验感；卫生间处窗口旁设置吊篮类植物，增加设计美感的同时，达到空气净化作用。

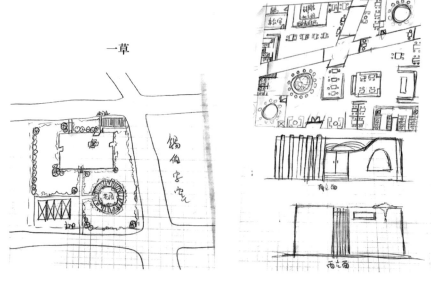

一草

图 3-33　学生草图（1）

（图片来源：雷丹妮绘）

评语：该同学将场地主入口设置在次干路上，避开了人流较大的主入口，初期整体理念和思路都比较清晰。

（2）刘芷彤作品一草

由于设计地块位于乡镇，在保证餐饮建筑设计需要的场地前提下，设计空余场地给周边居民作为活动区域。考虑到预留用地，场地内余下的空地并不多，停车位排布相当紧凑。

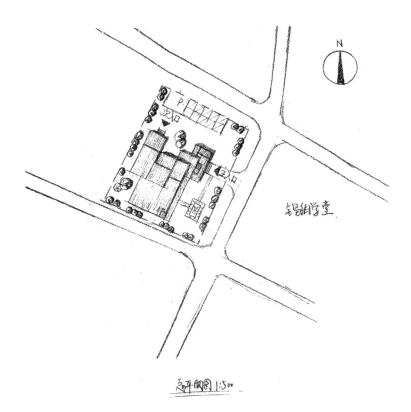

图 3-34　学生草图（2）

（图片来源：刘芷彤绘）

　　在大量调查研究后，决定使用坡屋顶来达成稻田麦浪的拟态形状。波浪形状的坡屋顶不仅能够在一众民居建筑中夺人眼球，麦浪的姿态也能很好地契合周边景区"稻梦空间"的主题。立面上使用白色糙面墙体，屋顶采用黄色。建筑整体尽量保证自然采光。在窗户上统一使用矩形窗，通过大量开窗来增加采光和内部景观。并在南北两个立面上部分使用高窗，以此增加通风和更多采光。为更好地使用建筑内部的功能，可大量使用细长高窗。

图 3-35　学生草图（3）

（图片来源：刘芷彤绘）

　　平面上，员工工作区和游客观光区互相隔开，各设出入口，如此保证了员工游客双方互不干扰，也使平面区域划分更加明显。用一个出餐口将两个区域连接，出餐口隐藏在拐角处，不影响游客视觉体验。后厨将餐放置出餐口，服务员再将餐送至各个座位。一楼为散台区，大量使用六人桌、四人桌和少量二人桌，喜欢热闹的游客可以在一楼用餐。卫生间和用餐区域用一道隔墙隔开，在视线和风向上将两个区域隔离，使游客有更好的用餐体验。八人间包房安置在二楼，旅游团可以在包房用餐，环境更为安静私密，便于游客聊天。同时二楼也摆放着一些二人桌，保证双人结伴和独自前来的游客也能有更加安静的用餐环境。

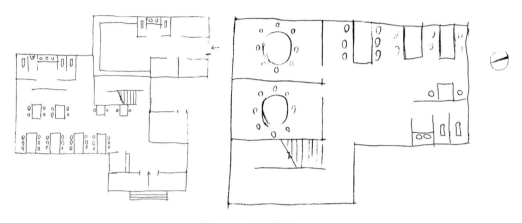

图 3-36 学生草图（4）

（图片来源：刘芷彤绘）

评语：该同学经过调研，整个设计理念采用当地有名景点"稻梦空间"的麦浪为主题切入点，使整体造型能很好地融入整个地块中，角度独特。

（3）杜沧笑作品一草

在初步设计中，以原有建筑的人字屋顶为拓扑原型，以庭院、道路的方向设置人字屋顶，使大自然流入内部空间，形成连续蜿蜒的屋顶，漂浮在森林和湖泊上。连续屋顶也自然地在内部公共空间、自然景象、光影风波、人们的活动自由流动的空间中发生和呈现出来。人字屋顶进化的新屋顶形式在记忆中是熟悉和陌生的。它创造了新的空间体验。建筑物的内部空间和外部造型同时完成，多方向变化的屋顶形成内部连续变化的空间，以艺术质感营造出自然洞穴般的空间氛围。让光线、水纹和森林景观都在空间中交叉表达。与自然环境相融合，远离喧嚣，在繁华都市的淡然一角营造出一个尊重原始生态，同时又符合现代消费方式的个性化就餐场所，使建筑融入周围环境，同时提供变化多端的体验。

建筑物的开放楼层和落地玻璃给人亲切开放的舒适感，充分的采光保证了项目的基础体验质量，将明亮透明的窗外景观和光影流浪的曼妙原封不动地装进这个空间，利用光源创造两种氛围，满足不同情绪的场景更换。裸露的水泥墙面质地粗糙，与柔软的木材融合在一起，展现出温暖。在建筑本身的采访中，用适当的材料表达舒适自然的状态，去除形式化的装饰，使材料本身美化，赋予整个空间张力和辨识度。主体量的外立面采用相似但有差异的设计，深色的立面材质使建筑体量与周围的自然景观相融合。餐厅外立面采用玻璃与竖向百叶结合的方式，外部形成简洁的体量，内部则引入柔和的自然光线，同时保留置身于山景之中的通透感。

图 3-37　学生草图（5）

（图片来源：杜沧笑绘）

评语：该同学从设计的整体入手，就地取材，很好地融入自然当中，不失为很好的设计手法。

（4）俞康彬作品一草

一草根据实地调研最终的建设点选择在以"稻梦空间"著称的单家村空地中，占地面积为 320m²。在居民楼区域中仔细勘探后发现此处区域内旅游资源丰富，基地结构简单，空间利用率较高，周围有农业产业园，方便游客采摘。作为餐饮类建筑，将主入口开在流量最大、交通较为方便的道路上。其次，次入口的设置方便货物和工作人员的进出，所以设置在流量较小的北面道路。

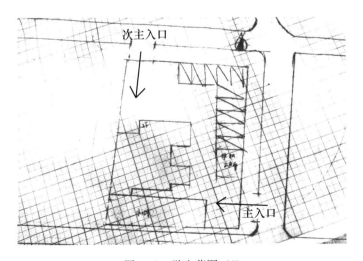

图 3-38　学生草图（6）

（图片来源：俞康彬绘）

评语：主入口的位置是否合理？道路东侧为"锡伯学堂"，是否会造成人流拥挤？还需要深入研究。

2. 方案初步设计（二草阶段）

1）二草图阶段

这一阶段的主要工作是修改并确定方案进行细部设计。学生初期的概念方案设计（一草）经过老师的指导，应厘清优缺点，通过不断对优秀案例进行分析，总结优缺点，吸取其中的经验以应用到自己的设计当中，修改并确定方案。

需要对设计深入和可行性进行设计，完善一草的同时，需要对平面和立面有所表示，方案确定后，应将比例放大，进行细节设计，使方案日趋完善，要求如下：

（1）进行总图细节设计，考虑室外台阶、铺地、绿化及小品布置。

（2）根据功能和美观要求处理平面布局及空间组合的细节，如妥善处理楼梯设计、卫生间设计等各种问题。

（3）确定结构布置方式，根据功能及技术要求确定开间和进深尺寸，通过设计了解建筑设计与结构布置关系。

（4）研究建筑造型，推敲立面细部，根据具体环境适当表现建筑的个性特点。

（5）对室内空间及家具布置进行充分设计，了解家具与人体尺度、人的行为心理的关系。

在该过程中，能经常草拟局部室内外透视草图，随时掌握室内外建筑形象，进行较为完善的深入设计，计算房间使用面积和建筑总面积。

① 总平面图设计

包含出入口位置、景观绿地、活动场地、道路、主体建筑与其他建筑间距。

注意要点：

a. 表达清楚人流车流。

b. 活动场地和景观设计协调。

c. 停车位进行详细规划。

d. 了解主要经济技术指标。

② 楼梯设计

楼梯选取要考虑采光及通风，尽量选择靠外墙位置。

a. 确定主要楼梯位置

主要楼梯作用是让大量用餐人流进入门厅后尽快形成分流，因此主要楼梯位置应尽量离门厅区域近一些，适当醒目，给人引导作用，一个好的主要楼梯设计不仅方便使用，还会给人展示出楼梯的造型美。

b. 选取次要楼梯位置

次要楼梯作为餐饮建筑疏散楼梯，故与主要楼梯水平距离尽量拉开，有利于消防疏散，这样保证所有房间能获得双向疏散条件。

c. 选取电梯位置

如果建筑中设置电梯作为垂直交通手段，需考虑电梯使用人群，以用餐人员为主，所以在大厅中要醒目，迎向主要用餐人员人流方向，同时还要考虑在其他层用餐人员是否便利。

③ 卫生间设计

卫生间应合理设置,在设计初期就需要根据任务书要求预留好空间,避免方案初步设计硬塞进方案中,会造成厕所自身设计不合理,或者破坏其他房间功能或者形态,用餐区域卫生间宜与用餐区域介入过渡空间,并设置卫生间前室。

a. 卫生间数量确定

根据使用对象。在餐饮建筑中,顾客使用卫生间与厨师使用卫生间应分开设置,还需要考虑无障碍设计,宜在首层设置无障碍卫生间。

根据服务层次。餐饮建筑中,大量散客可集中设置卫生间,包间内宜设置单独套内的洗手间。

b. 卫生间位置的确定

位于水平交通尽端或转折处,卫生间设置在主要功能区域边缘,隐蔽性强,对人员视线干扰和气味影响较小。

位于门厅附近,由于来往人多,属于公共区域,应考虑在较隐蔽处设置。

位于楼梯旁,可以与楼梯组成辅助功能区,既便于寻找又较为隐蔽。

位于用餐区域,由于用餐区域使用人员较多,以便大量人员就近使用而不影响其他用房,但需要考虑视线、声音及气味对用餐人员的影响。

位于不同楼层,应尽量对位,防止错位,以便为给水排水创造好的设计条件。

④ 结构选型和柱网确定

a. 结构选型

餐饮建筑现结构形式多为框架结构,而且以柱网简单为宜,简单的柱网形式最为经济合理。

b. 柱网尺寸确定

大多数餐饮建筑的框架结构开间尺寸宜为6~8m,这样能较为合理地反映框架结构受力性能。对于大空间的用餐区域来说,为了方便使用,营造更好的空间感受,开间可以做到12~15m。当然随着技术进步,更大的开间也可实现,但需要考虑其合理性、经济性。

⑤ 研究建筑造型

a. 遵循形式服从功能的原则。

b. 运用形式美的构图规律。

c. 正确反映餐饮建筑经营内容。

d. 遵循"少即是多"的设计原则。

⑥ 室内空间

a. 餐桌使用空间尺寸

就餐者之间要留出适当距离,既便于彼此交流,又保持各自的私人领域。公共通道、服务通道与就餐者之间也要保持适当距离,以避免对就餐造成干扰。

b. 餐桌布置方式

餐桌宜结合餐饮室内空间布局成团、成组布置,组团间留出公共通道和服务通道。组团规模不宜过大,以方便服务到达每个座位为宜。

c. 空间组合方式

常见空间布置方式为集中式、组团式和线式。三种方式可以变形或彼此之间进一步组合，形成更为丰富的餐厅室内空间。

d. 顶棚、地面设计

顶棚作为空间的顶界面，最能反映空间的形态关系。顶棚在空间中基本全部暴露在人的视线内，是空间中影响力最大的界面，是餐饮室内设计的重点。顶棚造型、色彩、光影变化对室内气氛的营造至关重要。同时，顶棚界面设计应综合考虑建筑的结构和设备的要求。

地面作为空间的底界面是最先被人感知的界面。餐厅地面设计应与餐厅的使用功能紧密配合。地面的高差是划分用餐区域的重要手段。地面的色彩、质地和图案对用餐气氛产生直接影响。另外，地面的设计还应考虑消防疏散、残障人士使用便利等要求。

⑦ 墙面、隔断设计

墙面是空间的侧界面，是围合空间的最重要手段。墙面在空间中是人的视线最易观察的界面，对餐厅氛围的营造至关重要。餐厅墙面的设计应综合多种因素，应考虑墙面与建筑功能和建筑结构的关系。在处理墙体界面时，还考虑到墙面上的依附物，如门窗、洞口、镂空、凸凹面等的影响。

隔断是对空间进一步围合或分割的手段。用隔断来分隔和围合空间，比通过地面高差或顶棚造型来限定空间更实用和灵活。它可以脱离建筑结构而自由变化组合。另外，隔断还能增加空间的层次感，组织人流路线，提供餐桌依靠的边界等。隔断种类繁多，恰当地使用可以代替繁重的抹灰饰面工程，减少造价。

⑧ 光环境设计

a. 自然光环境

餐饮空间是一种富有生活情趣的空间。充分利用自然光，形成一种人工光所不能达到的、具有浓厚自然气氛的光环境，是餐饮空间设计的重要手段。

自然光可分为侧窗采光和顶窗采光两种方式。不同的侧窗和顶窗，由于其形状和大小的差别，可以营造出不同氛围的用餐环境。

b. 人工光环境

由于条件限制，餐饮空间经常会处于无窗或少窗的环境，而餐饮建筑往往又以夜间使用为主。因此，在餐饮空间中设置人工照明是必不可少的。

人工光有颜色、冷暖之分。暖色光能产生温暖、华贵、热烈、欢快的气氛，冷色光会造成凉爽、朴素、安静、深远、神秘之感。

就餐空间的性质可被划分为供大众使用的饮食区、半开放的饮食区，以及仅限特定人群使用的私人用餐区。

2）方案初步设计——实例解析

(1) 雷丹妮作品二草

二草阶段细化了建筑的功能分区层面：将靠近绿化处设为主要用餐区域，后勤区以及次入口设于一侧。卫生间设置于后勤区一侧，减少卫生间对顾客的体验感以及心理层面的影响；建筑中部进行镂空设计，打造小型室外露天用餐环境，增加用餐体验，中心设置花园，以餐厅特色吸引附近追求景色的游客；后勤外部入口设置坡道，便于进货以及外卖出餐，后勤内部出口交通流线流畅，便于服务员提供更好的服务；付货柜台设于主入口一侧，便于顾客进行咨询，提高用餐愉悦度，其侧设置沙发和茶几，为顾客提供舒适的交谈环境；主要用餐区域分为开放区、半开放区以及包间。包房设置于建筑的东部，靠近道路，其间有绿化进行减噪处理，保障私密性的同时，能够保证用餐体验感；餐厅中部以及主入口西侧为开放区，餐厅中部开放区内排列整齐，空间利用最大化的同时，保障顾客的舒适度，西侧主要靠墙设置桌椅，满足部分顾客对于安全感的心理追求；半开放区设置于中部开放区的西侧，顾客既能够享受相对独立的空间，也可以感受餐厅的氛围。

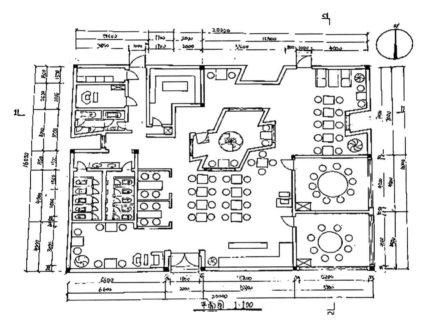

图 3-39　学生草图（7）
（图片来源：学生自绘）

评语：整体功能分区是明确的，要注意桌椅等家具的布置是否合理，参照资料集和人体工程学尺度。

（2）刘芷彤作品二草

没有预留用地的顾虑后，将建筑整体移至场地中间，并对停车位进行调整。本次乡镇餐饮建筑设计场地中拥有 4 个停车位，30 个自行车停车位。将汽车和自行车停车位统一安置在场地北侧，考虑到主要顾客是周边游客，要做好场地绿化，以便给游客良好的视觉感观，提升游客用餐欲望和用餐心情。在场地内适当安置花坛树木作为绿化景观，以及假山水池等景观。

在对网络上麦浪的视频反复观看后，发现向两边推进的形态并不符合麦浪的形态，而是更接近山峦。反复对比麦浪的视频后，发现麦浪的波浪应该都向一边推进。于是将坡屋顶更改。发现由于麦浪波浪的推进性，波浪的起始高度和结束高度并不太一致。如此得来，如果将坡屋顶两端的高度调至不一致，能够更接近麦浪的形态。

全为白色的立面太过单调。在灯饰点缀、异形窗户等方案比对后，决定在东南两个立面加上木格栅板作为装饰，并借用麦穗的形态作为立面的装饰形态，采用和坡屋顶相似的曲线下降式来达到麦穗的拟形，形态意为饱满而出的麦穗，也表达了本次设计"稻田麦浪，丰收时节"的设计理念。

图 3-40　学生草图（8）

（图片来源：学生自绘）

评语：随着对"麦浪"更加深入的研究后，更好地应用到屋顶形式。平面功能上建议包间有更好的朝向和景观。

（3）杜沧笑作品二草

深化设计后将庭院附近设置为主要用餐区，后方区域及辅助入口设置在一侧，并依景观面展开布置。为了给游客带来更好的使用体验，集美学表达和功能体验为一体，是模糊内外界面的过渡空间，也是环境和室内的交汇空间。洗手间设置在后方区域一侧，减少洗手间对顾客的体验感和心理层面的影响，同时增加了无障碍洗手间的区域。建筑物主要用餐区域被设计在一个相对大面积的厅堂内，营造出宽广和舒适的用餐环境，增加用餐体验，在周围布置庭院，设计中的餐厅特色本就是吸引追求附近景色的游客。物流外部入口设置坡道，便于货物的搬运和工作人员的频繁出入，整个后方区域交通畅通，走道宽阔，动线简单，使服务员能够提供更好的服务。支付柜台设在主入口，便于顾客咨询，并且设计装饰性的酒柜，增加餐厅内视觉感受，侧面设置沙发和桌子，为顾客提供舒适的等待环境。屋顶自由曲线围合，形成若干通透的取景框，移步换景，提供开阔的视野。底部的平台与屋面曲线完全一致，相互呼应，彰显空间的一致性与整体性。

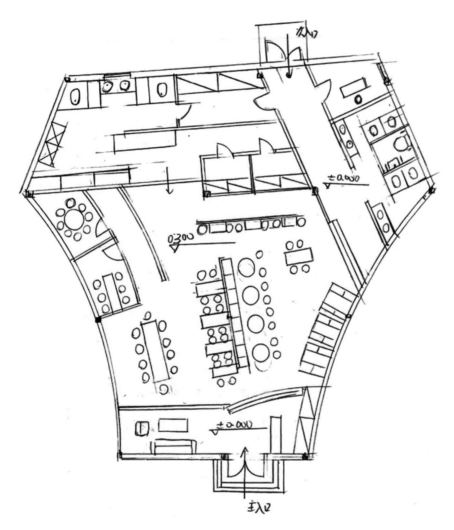

图 3-41　学生草图（9）

（图片来源：学生自绘）

评语：该同学平面的设计采用与屋顶一致的曲线，相互呼应，功能分区明确。

（4）俞康彬作品二草

二草对建筑的外轮廓有个初步设计，通过体块的加减法形成此造型，为了体现出自身特色，将两个包厢进行了悬空处理，在增加视觉效果的基础上，也能更好地引入光线。

餐饮空间是一种提供餐食和良好环境氛围的就餐空间，几乎是面向所有人群的，为就餐、交流、聚会等提供空间所需。依照消费者的就餐习惯、不同年龄的就餐所需、所处地区环境及所要营造的空间氛围，或是面向的客群的各方面特征，以此为基础所打造的就餐空间。

根据餐饮空间所必要的功能，将整体空间主要分为入口、就餐区、工作区及配套空间，其中的就餐区分为散座区、包厢区。充分考虑在空间人性化的基础上，将散座区域主要分为三个部分，区分动静区，其中的北侧靠窗区域较为安静，南侧较为开放相对嘈杂，

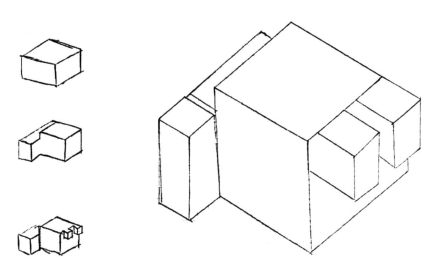

图 3-42　学生草图（10）
（图片来源：学生自绘）

座位的分布适合 2、4、6 人就餐，满足各类人群就餐需求。包厢空间设置在最里侧，采取封闭式分隔方式，其中单独设置大包厢适合 8 人左右的人群聚餐，这种规划同时可以满足各类就餐方式，吸引更多的客流与再消费。

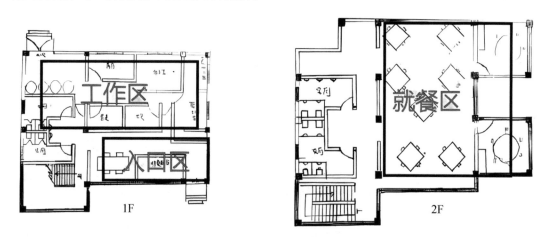

图 3-43　学生草图（11）
（图片来源：学生自绘）

　　空间流线清晰简单，主要通道可同时容纳多人同时通过，尽可能地不造成拥堵情况，卫生间采取角落设计方法，小范围暴露卫生间入口，并在任何区域通向卫生间都较为快捷方便。进入空间中的客人在前台服务人员的引导下进入空间，可大范围地观赏到中间的散座区域就餐环境，提前确认想要前往的区域，不必停留思考，节省时间减少拥堵流线情况。

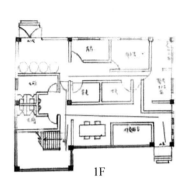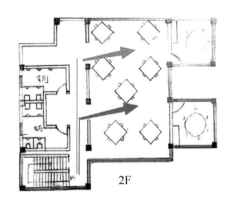

1F 　　　　　　　　　　　　　　　　2F

图 3-44　学生草图（12）

（图片来源：学生自绘）

3. 方案深入设计（三草阶段）

1）三草阶段设计

主要是对一草、二草的内容进行深入推敲，对设计细部进行深化，对制图的规范性进行要求，是正图出图前一次重要的草图设计，是将徒手草图翻译成准确的尺规制图的重要阶段，起到承上启下的作用。

如果说一草使用抽象、歪斜的波浪线条以向大家表达设计概念，更是传递出一种感觉即可，那么三草则需要用笔直的线条进行精准表达，向大家交代细节处的设计。如果说一草、二草是为了交流想法，那么三草则是为了将想法落地而绘制成的更加具象的图纸，是将抽象的设计想法转化为具象的建筑实体的一轮草图。三草的尺寸推敲要足够正确，细节的处理还可以更加优化。

三草图纸要求与正式图相同，细致程度也与正式图相仿，但其重复部分可适当省略，用工具绘制，图纸尺寸和图面布置也应和拟绘制的正式图相同，这里要注意制图步骤、制图深度及内容。

2）方案深入设计——实例解析

（1）雷丹妮作品三草

三草细化了周边环境设计，餐厅内部设有露天用餐区，选用常青树，增加景观美学设计。建筑周边绿化率约为40％，多选用同种植物类型，打造大环境。针对温带湿润大陆性气候选择常绿植物，主入口方向设置花园，为顾客打造小公园，选择适当尺寸的绿植，根据季节变化可以体现周围氛围的变化，在圣诞节等旅游热季进行装饰，增强氛围感。外部环境提供休闲区，为顾客增加体验，用餐之余可以完全享受景观；过道地面设置木板，与环境相融合，将现代化与古典园林相结合，兼顾效益性、生态性和实用性，减少环境负担。同时根据交通条件进行调整，建筑位于十字交叉路口，交通便利，地理位置较好。建筑周边设有30个自行车位以及4个机动车位，两种停车位分别位于建筑南北两侧，减少交通冲突，避免堵塞，保障社会交通的正常运行，多方面考虑顾客的交通方式，提供周全的服务。以机动车停车位处作为主入口，提供足够的交通空间，便于顾客的流动，为聚餐的顾客提供足够的空间，满足其需求。建筑南、北、东侧都设有入口，顾客可以根据个人需求自由进行选择，提升体验感，多入口设置更易吸引顾客，同时便于交通疏散，考虑到安全方面，符合人体工程学，交通空间充足。

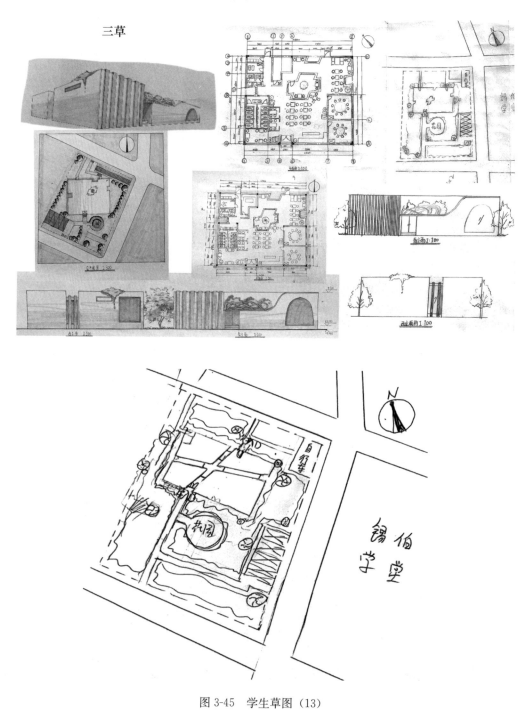

图 3-45　学生草图（13）
（图片来源：学生自绘）

评语：三草中增加了细节设计，比如趣味空间的营造。

（2）刘芷彤作品三草

自行车停车位上方加设棚顶，防止游客和自行车受到日晒雨淋，并采用与屋顶相同的曲线形态，场地内整体风格统一。此外在场地内布置假山水池等景观，适当地分散布置花坛树木，为游客提供良好的视觉体验。使用花坛作为分隔，将停车区域、员工入口区域、广场、游客入口区分割开来，自然美观地使区域划分更加整齐，调整建筑主入口缓步台，并在旁边添补轮椅坡道。建筑外形上，在屋顶边缘处外延50cm，除了可以防止雨水冲刷腐蚀外，也使建筑整体更为美观。

建筑入口处，使用部分隔墙将接待区和散台区隔开，空间划分上更为明确。调整楼梯间的位置，改为进门正对处，有需要的游客可以直上二楼。办公室和接待区紧邻，方便工作人员出来处理事情。二楼也设有一个小型卫生间，方便游客使用。后勤部分，员工进门左手边就是更衣室，便于员工更换衣服前去工作；右手边是库房，方便货物搬运存放，库房前边是卫生间，再往前就是厨房。

设计过程中，发现高窗会降低其他窗户的高度，降低游客的视觉景观，立面上也会显得繁琐，如此便得不偿失，多此一举。所以在立面内部功能不方便开窗的地方改成部分使用高窗，如此使建筑外部立面和内部平面更为契合。并对窗户的高度、宽度进行调节，以便更契合内部平面的功能分布。

调整后，一楼入口接待区采用高窗，在不影响点菜台摆放的同时，达到采光通风的要求。用餐区，东面在每个餐位对应的位置开窗，游客在用餐的同时可以观赏外面的景色、南面在走道对应的位置开窗，在不打扰游客用餐的同时，便于采光通风。楼梯间使用通顶落地窗，使楼梯间可以保证自然采光和通风。二楼部分散台区由于屋顶的限制，只能在靠近屋顶的地方开高窗，其余位置依旧大面积开窗，游客可以边用餐边欣赏外部稻田风景。包房内大面积开窗，包房的游客可以远眺稻田景观。

图 3-46 学生草图（14）
（图片来源：学生自绘）

（3）杜沧笑作品三草

在大自然中发现美丽的事物，温和的气息都充满了大自然的慷慨，充满了生机和阳光。在世界各地的餐饮行业，食物的创造总是从鲜明的概念开始。对食材的精心选择、对烹饪方式的巧妙设计、火候的精准把控，每一步都为了展现细节的完美，形成独特的美食体验。这一点，食物和设计，有不少相似之处。建筑中的视野、光和风，都是人和自然发生关系的途径，它们将人和外界紧密联系在了一起，日常的空间因此便具有了某种精神意义的暗示。

在最终的设计中就餐空间按私密度将其分为包间区、开放区和卡座区。卡座区使用木制吊顶，开阔通透。室内装饰遵循极简，木质隔墙和素白墙面天然去雕饰，强化建筑结构美感，能将光线柔和地散射到环境中，其表面的纤维肌理在光照下若隐若现，产生独特的视觉效果。设在建筑物西部，远离道路，可以减少噪声，保护隐私，同时保证用餐体验感。餐厅中部和主要入口西侧是开放区，餐厅中部开放区排列有序，5组卡座的设置一方面增加了具有庭院感的空间层次，另一方面也适当阻隔了大空间内的人声嘈杂。顶部的隔栅吊顶，为了呼应餐位的布局进行了几处错落的开洞，透出的淡色顶面亦能增加些许植被与蓝天包围的意境，最大限度地提高人体工程学设计和空间利用率的同时，保证顾客舒适，西侧主要靠墙安装桌椅，满足部分顾客对安全感的内心追求。包间区设置在餐厅的西北部，顾客可以感受到相对独立的空间和餐厅的氛围感。

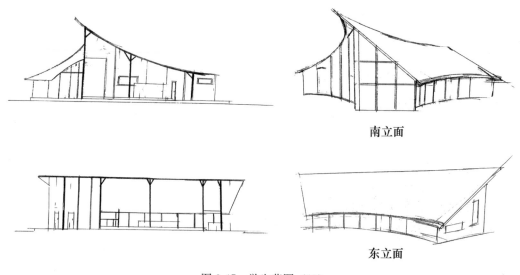

南立面

东立面

图 3-47 学生草图（15）
（图片来源：学生自绘）

评语：有自己的理念一直贯穿整个设计很好，屋顶形式是否满足结构要求还需要深入考虑。

（4）俞康彬作品三草

三草主要深化对于材质的选择，不同的材质对于其本身都有着自身所特有的属性与感知，颜色与质感的不同会带给人不同的心理感受，所表达出的情感和反馈给空间的感受都是不尽相同的。结合乡镇元素，提取当地砖、夯土墙、竹编、木材、麻绳几种材质肌理，在单家村这些材料随处可见，成本低、加工方便，且乡土气息浓厚，如包厢中的墙面，都使用当地青砖堆砌，顶棚及吊灯则是采用竹编的材质样式，搭配地面的仿旧木地板，似乎置身于当地传统老建筑中就餐；大包厢中的墙面则采用最早的建筑搭建的草与泥土混合的墙面，可以起到防潮的作用，吊灯同样使用竹编手工制成的鸟笼造型吊灯，两个圆桌空间的中间半开放折叠门作为分割之用，左右两侧除了墙面的麻绳与簸箕装饰不同以外其他布置完全对称，这也是借鉴了中国传统对称布局来设计的。

植物配置从乡镇文化式的餐饮来看，可以带给空间更多的自然、生机感，更贴合乡镇生活的环境，在本次方案设计中多数绿植以落地盆栽为主，以树、草类居多，贴合乡土文化主题的传统空间设计氛围，绿植可以使空间灵动活跃，富有生机，并起到点缀空间作为装饰的作用，在以乡镇文化为主要设计理念的空间中，利用当地多见的绿植，或者根据主题选择适当的植物配置，打造有机空间环境，可突出空间主题性。

综合运用空间中的色彩与照明的相互关系，如果空间中缺少任何一样，都不是一个成功的空间设计。其中的灯光照明在餐厅的设计中，通常会用它来调节气氛，灯光对于人的视觉会产生不同的心理感受，如黄色、橙色等暖色源会使食物显得新鲜很有食欲，反之蓝色、绿色等冷色源会让食物没有食欲，这同样也是光与色彩的组合结果。所以整体空间利用暖光源在餐桌上方的灯具，可以使得菜品新鲜有食欲，在空间整体环境中利用射灯突出视觉重点，烘托空间氛围与材质肌理。

空间中的软装陈设是营造空间氛围重要物品，所有的其他辅助性的设计手法（如灯光照明、材质肌理、色彩搭配等）都是要基于家具的选择之后所要考虑的，餐饮空间中的软装陈设所包含的内容很多，如餐具、工艺品、装饰等。空间中的大部分家具利用的是传统的明式家具样式，其中卡座区则使用现代家居，颜色也采用的空间中没有的深蓝绿色，空间在过多地采用传统设计时，会不可避免过于严肃或过于素雅，所以利用这样的软装陈设可以打破这种情况。但是现代风格软装在选择上不能过于突兀，要与空间相协调，散座上方的吊灯利用鸟笼式灯具与卡座区的座椅样式相呼应。包厢空间中的吊灯样式均是利用当地的竹编样式，在成本方面低廉且具有当地手工艺特色。

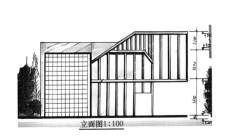 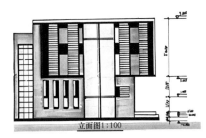

图 3-48 学生草图（16）
（图片来源：学生自绘）

评语：立面造型虚实结合，但是是否能很好地融入周围的建筑中值得推敲。

4. 关于模型

三草阶段要完成建筑模型的制作，做模型的主要目的是推敲建筑形体的虚实、空间体量的大小以及选择建筑屋顶的形式。要尝试多个可能的屋面处理形式和空间处理形式，譬如加一些外挂的空间板改变造型，增加一些构架改变空间体量等。

模型要表现材质。一般建筑要么材质多样，要么单一材质。对于多材质，适合造型单一的建筑，需要再次用色彩完成构图，注意先控制色调，建筑表皮色彩不宜太多，一般2～3种比较合适，这个也包括窗套和屋面。对于单一材质，适合造型复杂不宜统一的建筑，用单一材质统一立面，这个要注意重点表现空间的穿插和体量的对比，以及虚实空间的光影。

做模型不是按照方案来造型，而是把它作为设计的一部分，通过模型来反复修改设计，探索设计的最好形体、立面、表现，加深对空间和建筑的解读，不是对一草图纸的翻译。

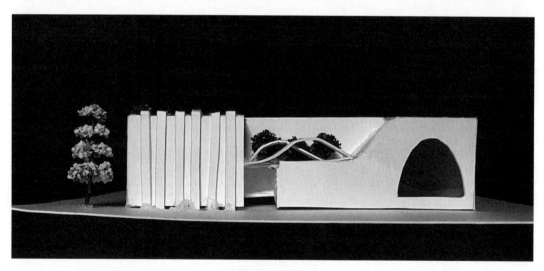

图 3-49　模型

（图片来源：学生自制）

5. 正图

1）绘制要求详见 3.2.1 节第 2 条任务书解读中第 6 条绘制要求。

2）图纸要求

详见 3.2.1 节第 2 条任务书解读中第 7 条图纸要求。

3）成图——实例解析

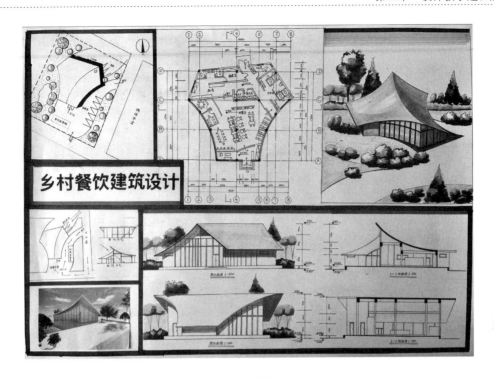

图 3-50　学生设计图（1）
（图片来源：学生自绘）

　　评语：主题思路清晰，整体造型虚实结合，深灰色屋顶使建筑体量在环境中显得更加平静和内向。用灰色艺术质感涂料营造洞穴般的空间氛围。

图 3-51　学生设计图（2）
（图片来源：学生自绘）

　　评语：很好地将当地特色麦浪引入自己的设计当中，正图用了水粉的方式细心绘制，效果极佳，构图完整，内容丰富。

3.2.4 旅游文化类建筑设计小结

乡镇中的餐饮类建筑，即所谓的饭店，是乡镇旅游发展和乡镇产业振兴的重要组成部分，是乡镇旅游的特色产品，乡镇餐饮建筑的设计应该体现绿色、乡土、文化、体验和养生等特色，并在设计之初就要将项目与乡镇振兴和乡镇旅游相融合。

"民以食为天"，足见饮食在社会生活中的重要性。羊大为美，鱼羊为鲜，中国人的审美观也与美食息息相关，烹饪文化是中国特色文化的标志之一。乡村餐饮涉及多个方面，包括农作物的栽培、食材的搭配、厨具的制作、烹饪技巧的研究、用餐环境的打造、餐桌礼仪的培养，以及根据传统节日挑选合适的菜肴等。将日常饮食习惯与传统节日庆典相融合，饮食文化便被赋予了新的文化意义和价值取向，如除夕之夜的盛宴、中秋节的家庭聚餐、秋分时的滋补习俗等，乡村餐饮成为传统文化的关键传承。随着休闲旅游、度假旅游和康养旅游逐渐成为主流，乡村餐饮的服务内容发生了显著变化，从仅满足基本的饮食需求，转变为对美的追求、对健康新鲜食材的需求，以及对家乡风味的情感渴望和人与自然和谐共生的价值观重塑。乡村餐饮与其他餐饮形式相比，具有其独特的吸引力，体现在其绿色环保、本土特色、传统风味和正宗地道的美食上。在物质充裕的现代社会，人们对美食的追求不仅是满足基本的生存需要，更重视食物背后的故事和文化品位。

作为旅游基础设施的组成部分和地域特色鲜明的文化体验产品，乡镇餐饮建筑一方面与乡镇农业资源特色息息相关，另一方面要体现传统美食制作工艺与相适应的民间习俗，更重要的是要与当代人对健康生活的品质追求保持一致。绿色是前提，包含的内容是应季、新鲜、本地生产，甚至是用有机肥或农家肥种植。在对陕西袁家村的调研中发现，游客已经从关注乡镇餐饮的特色向营养与健康转变。在法国，无论是在乡镇就餐或购买特色农产品，游客都会偏向选择印有"绿色食品"或健康食品标签的产品。乡土是核心。乡镇餐饮的特色在于美食的乡土性，即本地原料、本地工艺、本地"土"器皿。相比现代餐饮的精工细作，农家饭是"粗茶淡饭"，也是当地人擅长的。对于城市居民来说，乡镇旅游的魅力在于具有"乡土味道"。

文化是动力。中国饮食文化与传统哲理观是一脉相承的，讲究以和为贵。乡镇餐饮是乡镇民俗文化的重要组成部分。与美食相关的诗词、故事、传说成为美食体验的重要组成部分，例如"一粥一饭，当思来之不易""故人具鸡黍，邀我至田家"等。在食物满足人的基本生理需求后，养生成为一种趋势。尤其在"疫情过后""健康中国"的背景下，传统养生文化焕发新的活力。传统美食讲究"五味调和、谷果畜菜合理搭配"。《黄帝内经》说："五味之美，不可胜极"。《素问·生气通天论篇第三》中记载："五谷为养，五果为助，五畜为益，五菜为充"。饮食不仅要均衡，还要"食能以时"，乡镇餐饮的乡土性、时令性、原生态等特点，正符合当下美食养生理念。

乡镇美食蕴含了城市人奢望而又难以企及的"火候""手艺"和"时间"，这是乡镇美食开发的灵魂，也是城里人所稀罕的乡镇"慢生活"。游客可以吃农家饭，体验健康朴实、充满人情味、慢节奏的乡镇生活。开发乡镇餐饮，规范化的管理制度是保障，完善的厨房设施、整洁卫生的环境是基础，原料时令新鲜、饭菜地道可口是核心，明码标价、健康饮食的经营理念是关键，乡土特色文化是灵魂。

3.3 观光体验类建筑设计教学过程解析

3.3.1 观光体验类建筑设计基本概念及任务书解读

1. 基本概念

餐饮建筑的基本概念在前两节已有提到，本节着重对观光体验式餐饮建筑进行进一步概念诠释。隈研吾提出，"建筑应诉诸人的所有感官，给人的内心带来慰藉"，这是隈研吾在体验式展览《五感的建筑》演讲中提到的新概念。以视、听、触、嗅、味一系列多元感官印记为线索，启动与建筑场域的连接、互感与对话，以及对人与自然关系的注解，为人们带来后疫情时代的精神疗愈。在我国乡村振兴战略背景下，乡镇旅游业得到了进一步建设，在乡镇餐饮建筑设计中，对体验式空间进行设计时候，要结合当地的风土人情、注重空间体验（视、听、嗅）、光影体验（视）、材料体验（视、听、触、嗅、味）等，以此营造不一样的氛围，使得游客获得良好体验。

1）空间体验设计（视、听、嗅）

建筑空间设计中，需要对各方面因素进行全面考虑，尤其要对自然环境进行分析，主要包括：地形、微气候、乡野小品以及自然光线等。通过对自然因素的合理应用，可以有效减少资源的利用，营造出较好的内外环境，实现达到建筑与当地乡土风情共融的效果。对空间要素进行应用时，需要充分考虑到与自然环境之间的相互影响。

视觉方面：通过内外流线组织，使用餐人员充分体会到自然景色，提升空间层次感，进而产生沉浸式体验的感觉。接下来，对空间形态进行设计时，应该合理应用抽象逻辑思维，并逐渐转向为形态设计，使建筑空间具有深厚的内涵。

听觉方面：在听觉感受上，通过自然界的声音（如风声、雨声等）与建筑内部的声音（如内部混响、回声及音乐等）叠加出不同的听觉体验，让用餐人员运用听觉感受"聆听"乡镇餐饮建筑。

嗅觉方面：在空间体验中，每个空间都有着不同的气味，如木材散发的气味、周围绿草散发的气味、风带进来的气味，使人能"嗅"到建筑空间气味。

2）光影体验设计（视）

对观光体验式餐饮建筑体块推敲设计时，通过合理运用光线，能够对用餐人员起到引导作用，尤其在光影体验设计中，可以使空间随着光线的改变发生相应的变化，对自己前进的方向进行有效控制。通过将光影应用于乡镇餐饮建筑的空间设计中，可以让人们感受到自然光的舒服。一般来说，光线合理应用下，能够对空间转换进行有效引导，人们可以根据自身的趋光性进行观光体验。设计人员需要充分发挥明亮光线的作用，使人们的注意力被光线吸引，从而起到较好的导向效果，如对餐饮建筑进行设计时，在一层和二层之间设置一条外廊，外廊进行光影设计后，充分利用了光线的视觉引导作用，将游客从一层顺利引导到二层。

3）材料体验设计（视、听、触、嗅、味）

在乡镇餐饮建筑设计中，传统材料可以让人们缅怀过去，进一步了解历史，对当地的建筑特色留下深刻印象，还可以表达一种特殊的情感。对空间逐步进行设计的时候，如设计人员将施工材料选择了木材，对于木材而言，它是属于我国建筑特有的象征符号。不管是墙体，或者是推拉门窗，都采用了木材，这种传统的建筑材料具有自身的独特性。

视觉方面：当光线照射内部空间后，能够与玻璃落地窗形成鲜明对比，通过虚实结合，提升视觉感受。除此之外，还可以利用大理石、玻璃以及混凝土等，通过现代材料的融合应用，进一步提升建筑空间的稳重感。

听觉方面：行走在木制地板产生的脚步声音，木材之间敲击、摩擦时产生的铿锵之音，从而获得丰富的听觉体验。

触觉方面：木材自身的柔度、硬度、粗糙感都能给人不一样的触觉感受，让用餐人员实际"触摸"到乡土的自然质感和纹理。

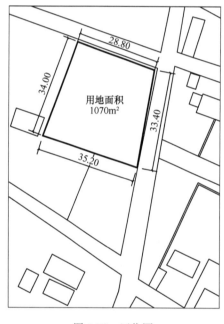

图 3-52　区位图
（图片来源：任务书附图）

嗅觉方面：木材可以让游客闻到清香，进一步感受当地的风土人情，从而获得良好体验。

味觉方面：味觉是人体重要生理感觉之一，在很大程度上决定着人们对饮食的选择，在乡镇餐饮建筑设计当中，良好的环境氛围可以影响人的味蕾，好的用餐环境可以影响人的食欲，可以通过色彩、光线、质感，多种感官相互作用形成互通感受，从而产生喜爱并激发食欲。

2. 任务书解读

具体任务书设计要求及内容，详见 3.1.1 节第 2 条任务书解读。考虑室外场地（亦可以设计内庭院）。建筑入口处考虑 4~5 辆中、小型汽车泊位，以及停放 30 辆自行车的场地。内部出入口处设内院，可停放小型货车。

3.3.2　观光体验类建筑设计调研

1. 各阶段任务重点

调研阶段：调研可以更好地支撑后续设计并提供基础数据，所以调研阶段是十分重要的。这一阶段会对项目的背景、地理环境、文化因素等深入分析。

1）孙浩楠调研阶段介绍

根据任务书的要求，此次设计位于沈阳市单家村稻梦小镇附近，在场地为 1070m² 的梯形场地上设计一个总建筑面积为 320m² 的乡镇餐饮建筑。在谷德设计网上寻找案例，分别在形体推敲、内部环境、细节刻画等方面进行学习。

评语：该学生对基地情况和待建建筑信息有一定认识，但是描述比较粗略，分析还不够深刻，需要深入分析场地周边环境，对建筑本身的造型以及设计思路进行粗略梳理，这样对后期的详细设计会有所帮助。

2）刘韦瑶调研阶段介绍

通过前期调研分析发现，本次设计为周边的稻梦空间景区服务，并且当地有着传统的锡伯族文化，本次设计主题为稻乡，以迎合周边的稻田景观，并为食客带来乡镇的体验感受。在本次设计中，时刻遵循五感设计，即"视、听、触、嗅、闻"，充分调动游客不同感官，并使感官之间形成交织，让游客在建筑中产生全新的感受。

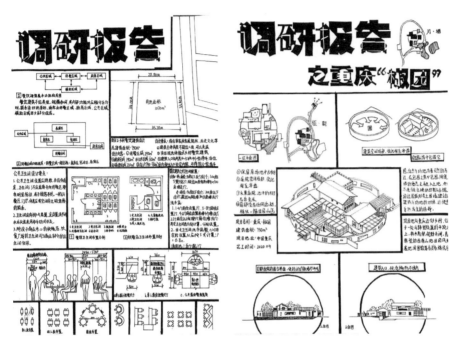

图 3-53 调研报告

（图片来源：学生自绘）

评语：该同学对建筑场地的文化特点分析比较深入，同时对建筑本身的设计脉络比较清晰，对之后的详细设计会有所帮助，不足之处在于，数据分析应该在前期调研中就对场地尺度、建筑尺度做充分掌控，以防止在资料调研和案例调研中，出现选例不准、尺度不明的状况。

3.3.3 观光体验类建筑设计过程

1. 方案概念设计——思路（一草阶段）

在进行方案概念设计时，需要符合题意的构思过程。学生通过实地调研、任务书解读、信息收集、设计条件分析等一些准备工作都充分之后，再进行方案构思，做出初步方案及工作草模。有了基本的立意构思之后，接下来要初步考虑乡镇餐饮建筑平面功能布局，在满足任务书前提下，合理组织建筑流线，功能分区要明确、联系紧密，并提高对空间概念的认识，强调建筑室内外空间互动设计，注重空间体验设计。有了上述立意构思及方案思路的展开，有助于接下来方案概念设计的生成。因为本次设计的乡镇餐饮建筑，主要是服务于游客，方便其就餐、休憩和沉浸式体验乡镇生活。所以，在立意构思过程中，从乡土视角出发充分考虑建筑带给人的体验感受，重视由外部环境引导的场地设计，同时兼顾建筑的艺术性、文化性表达，另外加强对尺度概念的理解和应用，注重建筑造型能力的表达，作者根据场地外部环境作分析图如下：

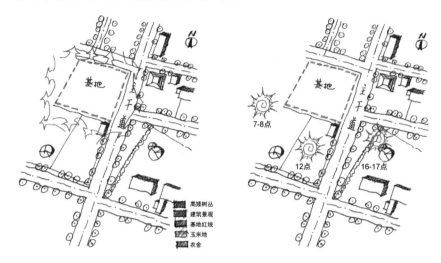

图 3-54   分析图

（图片来源：学生自绘）

2. 方案概念设计

1）步骤

（1）分析地段条件，确定场地及建筑出入口的位置、朝向

方案设计首先要进行场地设计，进行场地设计时要注重两个方面：一是场地主次出入口的选定，二是场地"图底关系"的确定。

① 场地主次出入口的选定

a. 主入口

根据主要人流方向来确定场地主入口的位置，人流与道路有直接关系，那就要从道路条件开始分析，根据道路宽度，通过地形图了解到场地北侧及东侧是主干道，场地东侧道路最宽，说明此处汇聚人流较多。任务书中介绍该地块位于沈阳市沈北新区单家村境内，场地北侧、东侧道路均为单家村主干道，主要通行机动车、非机动车、行人，经过上述分析，把场地主入口放置于场地东侧、北侧交叉口就成了不二选择，这样还能结合周边景观环境，使场地主入口有较好朝向。

b. 次入口

根据实际使用情况及相关规范要求，次入口需要至少设置两个，其中一个供厨房进货及厨余垃圾出入使用，另一个用于就餐人员安全疏散使用，这样设置符合相关规范并避免人流交叉问题。次入口最好的选择是场地西北角，这样远离主入口，还邻近主干道，节约场地交通空间，方便出入。

② 场地"图底关系"的确定

餐饮建筑主体为"图"，场地为"底"，图不应把底占满，要留出一部分室外空地作为入口广场、绿地、景观、道路使用。关于"图和底"，设计当中要注意"图和底"的位置

基地

主干道

N

▮ 场地主入口
▲ 场地次入口

图 3-55 场地设计
（图片来源：学生自绘）

及形状，并注重图底之间的相互协调。"图"的位置影响因素有良好的朝向、充足的日照及通风、周边建筑及交通。"底"的位置影响因素有入口广场应邻近主入口，绿地、景观、道路应合理进行设计，并充分考虑"图"的位置。"图"的形状影响因素有立意和构思、场地主次入口位置、周边建筑及道路等，并注重与"底"的协调关系，"图"的形状确定后，从而推敲出"底"的基本形状。

（2）合理进行功能分区，了解各房间的使用情况、所需面积、各房间之间的关系

① 功能分区

首先，要根据任务书面积要求，确定四大功能区域的体量关系，用餐区域＞厨房区域＞辅助区域＞公共区域，然后把它们合理放入"图"当中。其次，根据场地主次入口的选定，要考虑功能分区与主次入口的结合，需要将用餐区域尽量靠近场地主入口，厨房区域尽量靠近场地次入口。根据日照及通风、周边建筑及交通等因素对功能布局的影响，好的朝向、良好的通风条件、优美的景观环境应留给用餐区域，以保证用餐人员良好的视野及空间感受。最后，餐饮建筑应遵循功能分区明确原则，各个功能分区要妥善安排，有些分区需要紧密联系，如用餐区域和厨房区域、用餐区域和公共区域、厨房区域和辅助区域；有些则可以间接联系，如辅助区域和用餐区域、辅助区域和公共区域。

② 房间布局

这一步主要任务是将任务书要求若干房间纳入四大功能分区当中，这时候要注意房间布局，按照整体到局部的分析方法，一步步进行思考分析，再就是要注意形体设计，房间布局会对建筑形体有所影响，此时一般都是形体与房间布局同步进行。

（3）建筑物的性格分析

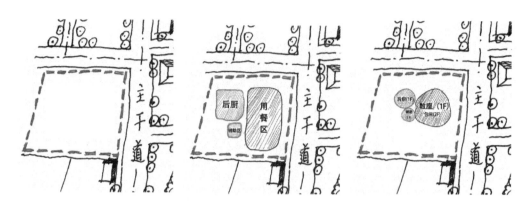

图 3-56　场地分析
（图片来源：学生自绘）

　　以建筑五感为纲领贯穿乡镇餐饮建筑的性格设计当中，它应该在多方面体现。可以从建筑的形体、外立面特点、内部装饰装修三方面作出具体体现。从乡土气息出发，贴合当地村落的建筑风格是一种设计思路；脱离当地乡镇风貌，以现代形式展现建筑风格是一种设计思路；结合人文地理环境，把握历史文脉又是一种设计思路。

　　① 村落风格：这种建筑设计思路要展现的是乡土气息的建筑性格，跟当地建筑形式达成高度统一，隐于村落的房舍之中。

　　② 现代风格：完全脱离乡镇建筑脉络，作出突出、孤傲的建筑性格，令该建筑完全凸显于周围的其他建筑，使其醒目，形成有标志性的建筑特点。

　　③ 历史文脉风格：依托当地风土人情、历史脉络，提取建筑设计元素，形成符合当地的、特定的建筑符号语言加以设计，展现出该地区特有的建筑性格。

　　（4）对设计对象进行功能分区，动静分区

　　乡镇餐饮建筑的功能的动静分区可以大体分为厨房后勤区和用餐区两类，这两类还可以从功能分区考虑。

　　① 后勤区和用餐区：可以详细进行动静分区，如后勤区的办公区、库房、更衣室、员工休息室可以划到静区，主副食粗加工、细加工可以划到动区。

　　② 用餐区：进行动静分区时，散座、室外就餐区可以为动区，包间、卡座可以划分为静区，但是也有特殊情况，如果就餐区有舞台，包间、卡座有观赏功能的时候，动静分区就会有所变化，这个时候可以通过私密性和开敞性两个方向进行划分，散座区就变成开敞区域，包间、卡座是私密区域。

　　③ 合理地组织人流流线

　　乡镇餐饮建筑和其他建筑一样，人流组织都应该从场地开始，到建筑内部为止。进入场地之前应做好人车分行，这样做的好处在于人和车互不干扰，可以做到更加有序、更加便利。停车场的出入口与人行的出入口应该分别设置，机动车留好停车位，组织好人下车之后如何进入建筑。人行场地入口应考虑设置景观还是广场，确保对建筑主入口有引导性的同时，做好广场或者景观的设计，以便人流在进入建筑之前时，对建筑或者周边有赏心悦目的印象。

建筑内部流线应做到用餐者和后厨人员不发生流线交叉，因为后厨是烹饪重地，但是沉浸式乡镇餐饮建筑如果需要用餐者参与或者体验农家菜的烹饪，可以为体验者提供一个体验烹饪农家菜的后厨空间，或者明厨。

建筑物体量组合符合功能要求，主次关系不违反基本构图规律。该阶段应集中精力抓住方案性问题，其他细节问题可暂不顾及。先作小比例方案 2～3 个，经分析比较，选出较优良者做进一步设计。一草应画出总图、平面图及初步立面图，比例尺可比正式图小，但要求完整反映其设计构思，并有一定表现力。做出形体辅助草模。

2）方案概念设计——实例解析

（1）孙浩楠作品一草阶段

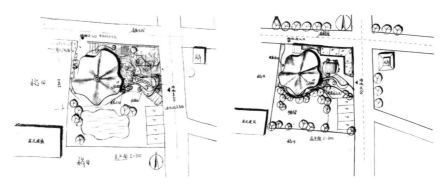

图 3-57　学生草图（1）

（图片来源：学生自绘）

根据对场地和周围交通的分析，最终选择在场地的左上角的原因如下：

1）根据任务书的要求需要有采摘娱乐区，场地的东侧是主干道，是场地入口的最佳位置，为了让游客沉浸式体验采摘娱乐并没有直接将建筑设计在邻近主干道的地方，而是设计了两条道路分别将顾客引导至建筑入口和采摘区，当然直奔建筑入口的顾客也不会感到无聊，在连廊里面可以欣赏周围的优美环境。

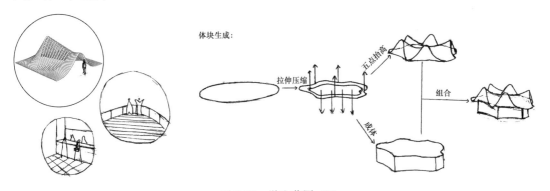

图 3-58　学生草图（2）

（图片来源：学生自绘）

2）场地的北部为次干道，能够方便工作人员上下班、食物的运输以及垃圾废物的处理。

3）主干道的另一侧为风车旅游打卡地，考虑顾客能够在就餐时更好地欣赏风景，尽量将建筑与风车之间形成一个优良的视觉感受。

为了贴切乡镇主题，以花的元素融入建筑。于是在纸上画了一些不规则的花形图案。出于对弗兰克·盖里、扎哈·哈迪德等解构主义大师作品的欣赏，本设计也大胆地在平面的花形上选取五点以及点与中心的线段，将其抬高不同高度形成五个不规则的弧形曲面。接着为了增加室内的天然采光，在中间画了一个圆形并以同样的方式抬高。这样整个建筑的顶部造型就完成了。接下来将原来花形平面缩小一定比例作为地板，选择好一定高度和墙厚将其拉升抬高与上方不规则曲面相交，这样建筑的大体外形就出来了。

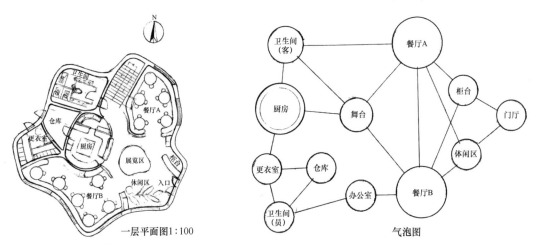

图 3-59 学生草图（3）
（图片来源：学生自绘）

一层平面图一开始将厨房放了中间，这是一个严重的错误，如果放在中间，厨房的顶棚就会挡住二楼镂空的视野，让整个空间变得死板，也让顶部开的圆形窗变得毫无意义，而且无法让采摘的顾客顺利进入厨房。在老师的指导和建议下，将厨房移至最东部，原先的地方设计了一个舞台融入听觉感受，更好地渲染餐饮氛围，同时将就餐位置以环形的排放方式围绕舞台，极大限度地给顾客带来视觉效果。界面的围合是最基本、最常用的空间形成，所以在门厅位置设置了三个屏风，不仅为顾客起到引导至 A、B 就餐区的功能，镂空的层次感给顾客带来不一样的神秘感的同时，又形成大厅就餐的围合空间。两个或两个以上相互接触的空间在打开相同或不同界面的同时，在水平与垂直的三维空间中穿插变化形成连续的位移，从而形成复合空间形态。一层办公室设置在南部，采光效果好，经理、老板能更好地办公。办公室没有设置门窗面向就餐区，目的是互不影响。更衣间紧靠厨房连通工作人员卫生间和仓库。次建筑入口并没有直接连接厨房而是连接更衣室，让工作人员有一定的缓冲时间。二层平面主要设计了 3 个包厢，一些散座和麦道观赏橱窗，并以环形围绕设计，同时设计了 5 个观望台，供顾客们更好地欣赏稻梦小镇的风景。

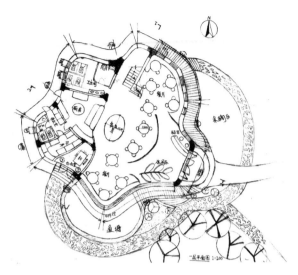

图 3-60 学生草图（4）

（图片来源：学生自绘）

教师点评：

① 该方案在造型表现方面有一定创意，立意为花朵，也符合主题。

② 功能流线组织方面做到了有序，功能明确，每个方向都能看到不一样景色。

③ 制图表达方面也做到了明确清晰地表现自己的设计内容，场地和建筑的关系把握也不错，需要加强特点设计，强化立意，突出重点。

（2）段岳岑作品一草阶段

在一草阶段，着重于对任务书的分析，与场地周边环境、功能分区的布置。通过对场地周边与任务书要求的分析，发现该地块为一块北侧较短、南侧较长的梯形形状，场地西侧为当地传统民居，场地的主干道为丁字路，坐落在场地的东北方向，并在场地北侧，布置有风车、稻田等景观。

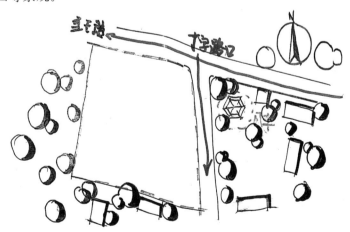

图 3-61 学生草图（5）

（图片来源：学生自绘）

　　所以，在本次设计中，为吸引更多的客流，选择将场地主入口放置在场地东北侧的丁字路口处，并按照相关规范作出相应的退让留出缓冲距离，将停车位布置在了场地整体的北侧区域，以便交通工具的停泊。

　　因本次设计主题为乡镇餐饮建筑，故将场地南侧采光较好的区域布置为游客采摘区域，使游客可以体验到自己采摘然后送入后厨经过加工再送上餐桌品尝的服务，这一设计不仅加强了食客在建筑中的乡镇体验感，更加强了建筑与周边环境的联系。随后将场地中间部分作为建筑主体。

　　在建筑平面布局中，选择将厨房区域与大部分开放用餐区域布置在一层，而将包房、工作人员区域等私密性较强的区域布置在二层。

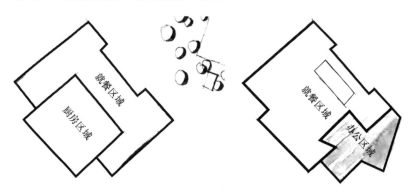

图 3-62　学生草图（6）
（图片来源：学生自绘）

　　在一层布局中将对采光没有过高要求的厨房区域布置在整体北侧，而将开放用餐区域布置在南侧，厨房区域内部设有更衣室、库房、卫生间、主副食初加工、主副食热加工、备餐间等区域，并通过走廊与开敞门洞的形式连接各个区域。通过这样的布局，可以让厨房区域更加靠近场地主入口，方便食材货物的运输，并使南侧采光较好的区域开放给游客用餐，厨房区域整体流线清晰，不同区域之间分隔明确。

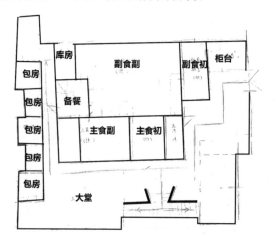

图 3-63　学生草图（7）
（图片来源：学生自绘）

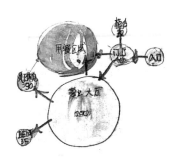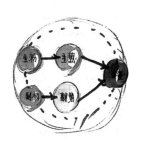

图 3-64 学生草图（8）

（图片来源：学生自绘）

将工作人员区域布置在二层西侧，可将工作人员流线与食客流线明确分离，使食客与工作人员之间互不打扰。而二层北侧布置有包房空间，与东侧、南侧的开敞式用餐区共同组成二层餐饮区域，使食客在建筑中的水平流线与垂直流线更加清晰，并使食客能在建筑中获得更好的空间体验。

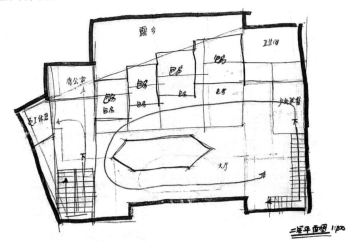

图 3-65 学生草图（9）

（图片来源：学生自绘）

教师点评：

① 造型设计中规中矩，在进退之间寻求光影变化，扭转是为了争取最好的朝向和采光，这种体量的建筑需要做一个中庭来增加体积感，也许会更好。

② 功能流线组织方面，这种造型建筑比较容易做到合理的功能和明晰的流线。

③ 绘图和表达方面也做到了明确表达自己的立意构思，比例和尺度还需要加强，最好用拷贝纸配合网格纸明确大小和尺寸。

（3）包可欣作品—草阶段

本次设计场地位于沈阳市沈北新区单家村，在进行实地调研途中，了解到单家村是毗邻稻梦空间旅游景区的自然村，村内大多延续锡伯族的传统文化，大片的稻田是村内最有特色的风景。

　　本次的设计是以农家乐为主题传播锡伯族文化和稻米文化的主题餐厅。在调研阶段首先广泛收集有关乡镇餐饮建筑的资料，发现乡镇建筑的风格融合当地特色分析整理，归纳出乡镇餐饮功能需求，包括餐厅的功能分区与人员流线，也包括空间整体氛围与视觉感受等方面。

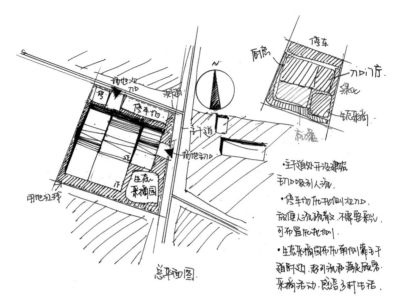

图 3-66　学生作品（1）
（图片来源：学生自绘）

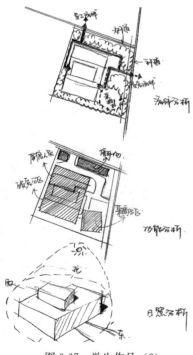

图 3-67　学生作品（2）
（图片来源：学生自绘）

　　设计中应营造充满农家风情的餐饮环境。所以在一草阶段，对方案进行初步的构思，主要是以锡伯族传统坡屋顶为主，建筑风格也与当地民宅风格相一致，采用与周围环境融洽和谐的青砖黑瓦的木结构房屋，作为初步方案。围绕基地所处的环境是乡镇，旅客游玩多是感受自然风光和体验乡土风情，所以门前庭院搭起藤架，种上农家瓜果植物，插上水稻给人视觉上身临其境的氛围。

　　在总平面设计时，将建筑布置在场地的偏北侧方向，南侧的方向布置采摘区等旅客感兴趣的项目。根据规范，饮食建筑基地的人流出入口和货流出入口应分开设置。顾客出入口和内部后勤人员出入口宜分开设置。建筑入口设在东向，主干道附近，进行引流。北侧朝向主要分布厨房，员工休息室，经理室等次要空间。南侧朝向布置主要的就餐空间。在餐厅和采摘区之间布置室外就餐空间。室外空间的小路用鹅卵石铺设，通向采摘区。在附近设置凉亭和竹椅，供顾客喝茶聊天；采摘区采用竹质的篱笆墙，在篱笆墙里种上四季蔬菜，供顾客采摘。

人员流线主要分为三股人流，工作人员流线、顾客流线和包间顾客流线。包间设置在相对安静的二楼，二层主要设计了三个包间，一些散座和环形的室外平台供顾客们更好地欣赏稻梦小镇的风景。散客布置在一层的南侧区域，有充足的采光和优美的景观。

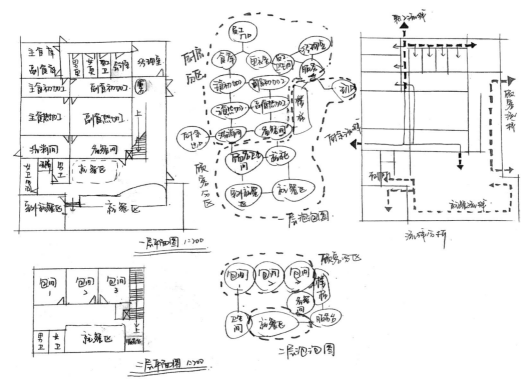

图 3-68　学生草图（10）

（图片来源：学生自绘）

教师点评：

① 该方案造型设计简洁细腻，符合现代形式美学的设计要素，在乡镇主题的设计中独树一帜，用现代派风格去解读乡野，这是一种很好的尝试。

② 功能的排布可以通过设计分析图明确看出，虽然是一草阶段，但是可以看出来该同学绘图比较细致，所有的内容可以通过分析图一目了然。

③ 构图和表达方面比较细致，设计的思路和表达手法相得益彰，也做出了大开大合、收放自如，在方案立意方面可以很大气地释放，绘图表现方面又很细腻，这是一个很好的设计方法，也能看出该同学的灵性与悟性。

3. 方案初步设计（二草阶段）

1) 第二次草图阶段

这一阶段的主要工作是修改并确定方案进行细部设计。学生应根据自己的分析和教师的意见，弄清一草方案的优缺点，通过听课学习有关资料，扩大眼界、丰富知识、吸取其中有益经验，修改并确定方案，修改一般宜在原方案基础上进行，不得再作重大改变。

方案确定后，即应将比例放大，进行细节设计，使方案日趋完善，要求如下：

（1）对总图细部进行深化及表达

因为是乡镇餐饮建筑，要尽量体现出乡土气息的同时，还要突显出沉浸式体验的主题。这时候在场地设计细化可以划分出采摘区，这样就可以自摘自做，体现出设计主题。这时候要关注到场地流线及建筑流线合理性，还可以设置一些鱼塘或者饲养区，不仅可以作为景观小品，还能切实提升体验，游客点餐的鱼或者家禽，都能目之所及。结合基地旁边的网红打开地——稻梦小镇，因为很多游客都是从景点过来就餐，场地内也可以设置水稻观赏区，给游客讲述一粒米的故事，提升家国情怀，也是独有的体验感。入口处可以设计广场，营造出氛围，并有很好的引导作用。往往入口台阶、坡道和铺装容易被忽略，这个阶段可以好好自查。

（2）平面功能布局和空间组合进一步细化

楼梯属于垂直交通，建筑师契合本次观光体验式主题可以把楼梯当成一种空间的装饰品来设计，在满足本身功能情况下，经过精心设计，楼梯也可以创造令人印象深刻的五感方面的体验。在进行楼梯设计时，要把其周围空间的特征和楼梯本身的结构及构造方式结合考虑，餐饮建筑一般需要设置两部楼梯，其中一部为主要楼梯，另一部作为疏散楼梯。处理楼梯设计时，一定要结合水平交通流线，正常来说，餐饮建筑主要楼梯应在门厅附近，门厅是室内外过渡空间，引导客人进入，并有沙发茶几，具有等候功能，付货柜台正常与门厅结合，亦可做接待功能，所以综合考虑主要楼梯在门厅附近较好，起到良好引导作用，让大量用餐人流进入门厅后尽快形成分流。同时好的楼梯设计还能体现出造型美。除此之外楼梯选取要考虑采光及通风，要尽量选择靠外墙位置。次要楼梯作为疏散考虑，在建筑设计中的合理布局对于提高建筑的消防疏散能力极其重要。可设计与主要楼梯保持一定的水平距离，确保房间都能获得双向疏散条件，可以显著提高建筑在紧急情况下的疏散效率和安全性。

根据任务书建筑规模不同，根据《建筑设计防火规范（2018 年版）》GB 50016—2014 第 5.5.8 条规范：

5.5.8 公共建筑内每个防火分区或一个防火分区的每个楼层，其安全出口的数量应经计算确定，且不应少于2个，设置1个安全出口或1部疏散楼梯的公共建筑应符合下列条件之一：

1 除托儿所、幼儿园外，建筑面积不大于200m2且人数不超过50人的单层公共建筑或多层公共建筑的首层；

2 除医疗建筑，老年人照料设施，托儿所、幼儿园的儿童用房，儿童游乐厅等儿童活动场所和歌舞娱乐放映游艺场所等外，符合表5.5.8规定的公共建筑。

表5.5.8 设置1部疏散楼梯的公共建筑

耐火等级	最多层数	每层最大建筑面积（m²）	人　数
一、二级	3层	200	第二、三层的人数之和不超过 50 人
三级	3层	200	第二、三层的人数之和不超过 25 人
四级	2层	200	第二层人数不超过 15 人

图 3-69　规范条例

（图片来源：《建筑设计防火规范（2018 年版）》GB 50016—2014）

疏散距离的要求根据《建筑设计防火规范（2018 年版）》第 5.3.13 条规范第三条楼梯间的首层应设置直通室外的安全出口或在首层采用扩大封闭楼梯间。当层数不超过 4 层时，可将直通室外的安全出口设置在距离楼梯间不大于 15m 处。

各建筑疏散距离   表 3-6

名称		位于两个安全出口之间的疏散门			位于袋形走道内侧或尽端的疏散门		
		一、二级	三级	四级	一、二级	三级	四级
托儿所、幼儿园老年人照料设施		25	20	15	20	15	10
歌舞娱乐放映游艺场所		25	20	15	9	—	—
医疗建筑	单、多层	35	30	25	20	15	10
	高层 病房部分	24	—	—	12	—	—
	高层 其他部分	30	—	—	15	—	—
教学建筑	单、多层	35	30	25	22	20	10
	高层	30	—	—	15	—	—
高层旅馆、展览建筑		30	—	—	15	—	—
其他建筑	单、多层	40	35	25	22	20	15
	高层	40	—	—	20	—	—

（资料来源：《建筑设计防火规范（2018 年版）》GB 50016—2014）

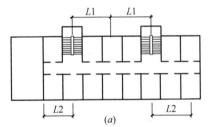 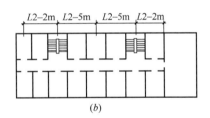

L1 位于两个外部出口或楼梯间之间房间的安全疏散距离
L2 位于袋形走道的安全疏散距离

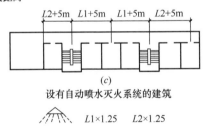

设有自动喷水灭火系统的建筑

$L1 \times 1.25 \quad L2 \times 1.25$

图 3-70 民用建筑安全疏散距离设置

（图片来源：《建筑设计防火规范（2018 年版）》GB 50016—2014）

　　虽然任务书餐饮建筑为 2 层，但可以设置电梯来提升垂直交通的舒适性，可以结合主要楼梯设置，以备电梯发生故障使用，形成交通核，为了提升利用率及舒适性最好结合门厅设置，位置醒目迎合主要用餐人员人流方向。

　　关于卫生间设计，在一草阶段已经预留好卫生间的空间，二草阶段先核对卫生间位置及数量，可以设置在门厅附近，或结合水平交通设置。也可与用餐区域结合，但都要具有一定隐蔽性，需要考虑视线、气味及声音的影响。要尽量对位，为其他专业创造好的设计条件。还要考虑无障碍卫生间，这里建议无障碍卫生间可以放置在一楼，结合公共卫生间设计，都布置在公共区域。员工卫生间主要是给厨房人员使用，可以布置在厨房区域，位置及数量确定后，二草阶段主要对其进行深化设计，这时候主要注意洁具布置以及尺度的表达。这里还有一点需要注意，就是公共卫生间要设置前室，来提升游客使用体验，也是现在卫生间较普遍采用的形式。

（3）进行合理结构选型并制定开间和尺寸

这阶段主要任务是通过合理的结构形式，满足各个房间空间需求，达到房间形状及面积都符合设计要求，由于乡镇餐饮建筑就餐空间需要开敞，任务书要求层数也不高，所以框架结构为佳，确定结构形式之后可以进行柱网尺寸的布置，框架结构通常开间 6～9m 为宜，比较符合结构受力特点。其他功能区域可能开间进深要求较少，可以综合考量，小尺度感建筑形体、房间功能需求及柱网尺寸，开间可以适当缩小，这样柱子尺寸及梁高度都会适当减小。如果柱子对大空间有影响，可以考虑家具及一些室内装饰与之结合营造良好室内环境的同时，也缓解突兀。如果设计舞台等，要充分考虑视线问题。

（4）突出建筑性格特点，推敲建筑造型和立面细部设计

这阶段可以简单制作草模，如泡沫块或者硬卡纸，按照房间布局及尺寸，进行模型搭建，加强对尺度概念的理解和应用。

图 3-71　模型作品（1）
（图片来源：刘彤自制）

图 3-72　模型作品（2）
（图片来源：刘韦瑶自制）

简单梳理一下各个功能分区形体关系，用餐区域＞厨房区域＞辅助区域＞公共区域，每个功能区域房间对层高都有不同要求，这时候可以把草模基本确定，然后进行立面细部推敲，如门窗位置，注意房间、楼梯间、加工间等采光及通风，既要满足经济适用，同时

还要考虑立面美观协同，注重建筑造型能力的表达。根据单家村周边环境及任务书设计主题，可能会设置一些架空小道或者室外观景平台，提升形体的趣味，同时，从乡土视角出发，利用这些空间充分考虑建筑带给人的体验感受，重视由外部环境引导的场地设计。

（5）充分利用室内空间及设计家具布置

根据任务书要求，主要功能区域是用餐区域、厨房区域、公共区域、辅助区域。展开来说，用餐区域包含营业大厅以及包间，根据基地情况比较规整，所以营业大厅可以保证良好的空间尺度。基地周围也没有较高建筑遮挡，所以能保证良好采光通风以及视野。基地西侧的稻田地及东侧的风车景观都能营造良好的视野，这时候可以采用之前说过的框景、借景、对景等设计手法。二草阶段要注意动线问题，这里要避免用餐活动、送餐、自助流线交叉的问题，往往同学们这个阶段在用餐区域缺少家具布置，造成空间缺乏设计感，平淡无奇。这里可以适当采用室内绿化、隔断等手段划分和限定不同用餐区，提升设计感及用餐体验，同时又能保证相对独立，减少干扰，前面提到用餐区域净高不低于2.6m，因为用餐区域是本建筑主要功能空间，也是大空间，显然满足最低净高是不适宜提升用餐体验，会给人压抑感，这里建议至少保证净高3.6m。再有就是采光问题，要注意结合立面虚实对比，大空间可以在侧面开窗基础上，顶部也开窗，把自然光引进来，增加采光。包间区要注意门不宜相对，可以错位布置，包间内部餐桌摆放不宜正对包间门，要留有空间。也可以设置表演区，契合主题来突出沉浸式体验，这里要注意观赏视线，可以散台围绕表演区，若二层有就餐区域也可设置挑空空间，让二层就餐人员也有良好的视线，同时要考虑好表演人员所需的空间流线。这个阶段厨房往往流线容易出问题，首先空间布置要紧凑，功能分区要合理，结合任务书要求，流线要明确，从粗加工—细加工—备餐—送餐的流线要短捷流畅，避免迂回。再有就是厨房区域尽量保证能天然采光通风。

公共区域包括门厅、等候厅、公用卫生间、前台。门厅作为餐饮建筑主要的交通空间，具有引导人流、组织人流、分散人流等功能，往往在设计中只重视引导和疏散人流作用，对其空间的设计不足，可以适当做一些围合、隔断。付货柜台基本都能结合门厅设计，位置也足够醒目，但容易忽略其不应阻挡人流的流线。随着生活水平的提升，公共卫生间要设置前室，这点往往容易忽略，辅助区域要注意入口设置，在一草阶段基本都能注意到，主要核对一下卫生间门不能开向加工间。

2）方案初步设计——实例解析

（1）孙浩楠作品二草阶段

建筑主入口面向风车，在入口设计了三阶逐层递进的弧形阶梯，最下面的阶梯分别贴着墙体延伸出两个木制架空小道通向鱼塘和采摘区。大门采用一大一小的弧形玻璃连接而成，并且利用圆形窗户进一步增强弧形墙面的灵活性。

一层平面图进一步细化，在家具设计方面，采用木质雕刻的圆形座椅，靠近墙体一侧采用连续式长椅，在弧形墙体下显得更加围和。设计精美、具有艺术感的餐饮家具能够陶冶人的审美情趣，体现当地文化特征，营造特定的环境气氛。卫生间设计在西北部靠近楼梯缩短了二楼客人到达卫生间的时间，同时厨师和顾客的流线也不会冲突。卫生间内部将特殊卫生间放置门口处，设置了1.5m×1.5m的空间，能够让残障人士更加方便使用。采用公共洗手间，以中心为界南北分别设置男女卫生间。

　　二层平面进一步设计了一些玻璃橱窗，展示艺术品。将中间的部分挖去，在走廊的顾客不仅能够感受到顶棚来自自然光照射的视觉感受，还能欣赏来自一楼舞台的音乐伴奏，在闻着满屋食物的芳香，三重不一样的感受能够让顾客身临其境。

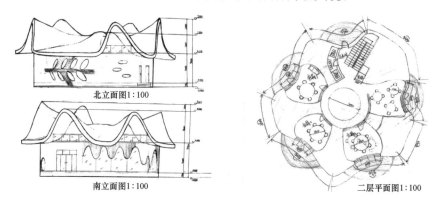

图 3-73　学生草图（11）

（图片来源：学生自绘）

　　立面开窗形式主要以大面积的弧型落地窗和麦穗型的窗户进行设计。在就餐区大多以大规模的玻璃让顾客饮食时不会感到压抑，保持一个娱乐的心情共享食物。厨房、仓库、厕所等开窗较少。一半虚一半实，两者虚实结合，同样能给顾客带来很好的视觉感受。

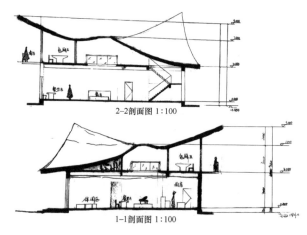

图 3-74　学生草图（12）

（图片来源：学生自绘）

　　剖面图选取了门厅和阶梯两个地方，选择门厅是能够直观地看清楚休闲区、就餐区、舞台以及厨房的情况。选取楼梯是能够直观地看到垂直流线的变化，感受垂直空间的变化，同时采用妹岛和世的剪影小人丰富室内氛围。

　　室内流线上，一层从门厅通过屏风将顾客引向两个就餐区，服务员从传菜口出发以舞台为中心兵分两路，不会与顾客有很大的流线冲突，就餐区 B 与卫生间很近，就餐区需要先穿过舞台才到达卫生间。二层，顾客可以通过楼梯或者电梯的形式，通过环形的过道引导顾客到每一个包厢。

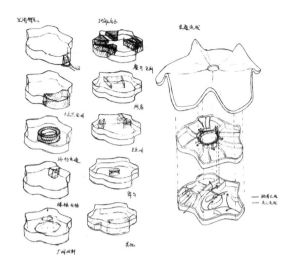

图 3-75　学生草图（13）
（图片来源：学生自绘）

在室外环境上，首先采用了曲折的连廊将场地主入口与建筑主入口连接，地板栏杆采用木材，顶部采用玻璃材质，让视觉更加通透。接着在场地东北部设计了一个 L 形的休闲小亭，不仅能够供给顾客喝下午茶，也能作为遮风挡雨欣赏景色的休闲地。同样，亭子的顶部采用玻璃，并使用曲面的造型与建筑融为一体，营造很好的视觉感受。在建筑、连廊和亭子的中间设计了一个 4m×4m 的曲面娱乐设施。顾客们可以在采摘后、饭后，都可以到此进行休息。在 A 就餐区的外部设计一个小鱼塘，不仅可以让吃饭的顾客们观看，也可以通过采摘麦穗投喂池中的鱼，让顾客们融入这个环境，体验人与自然的美。

图 3-76　学生草图（14）
（图片来源：学生自绘）

教师点评：

① 该同学立面开窗形式主要以大面积的弧型落地窗和麦穗型的窗户进行设计，虚实结合，设计颇具创意。

② 设计规范方面能较好地考虑到建筑无障碍设计、无障碍坡道及卫生间都有设置。

③ 疏散满足相关规范要求，设置主楼梯及疏散楼梯。

④ 在结构布置方面存在不足，结构体系在图纸中未有体现。

（2）段岳岑作品二草阶段

二草阶段中，以一草的平面空间布局为基础将餐厅、厨房、工作等区域细分加工区、库房、卫生间、办公室等部分，并将办公室与员工休息室、加工区与库房、餐厅与露台等联系密切的区域交错穿插，使食客能够在建筑空间中获得更好的空间体验感。

图 3-77 学生草图（15）

（图片来源：学生自绘）

设计过程中，将所有区域分为亮区域与暗区域，即采光区域与采光较差区域。将厨房、办公室、卫生间、楼梯对采光没有过高要求的区域布置在建筑北侧，而将餐厅、露台等需要采光较好的区域布置在建筑南侧，随后，将各个区域所需要的受光需求进行分类，以定义各个区域所需要的开窗形式，通过这种布局设计使建筑在有限的空间中，满足不同时间点的不同人群对采光通风的需求。

图 3-78 学生草图（16）

（图片来源：学生自绘）

在内部空间的处理中，通过在二层中间进行镂空做出中庭，为一层食客营造出更丰富的空间体验与视觉冲击，为二层人员提供更好的采光与通风，而对于楼梯的布置主要采用L形楼梯与双跑楼梯两种形式，分别供给工作人员与食客两个群体使用。L形楼梯的设置与二层的镂空相结合，为食客带来更为丰富的空间体验。并将部分区域进行穿插联合营造出部分斜边处理，并将其进行向外延伸做出外悬挑，为客人在空间内部的体验感增添趣味性，同时也便于后期作出更有视觉冲击感与趣味的外部造型。

图 3-79 学生草图（17）
（图片来源：学生自绘）

建筑在黑白灰空间中同样有所思考，即利用户外就餐区域作为灰空间，以过渡环境与建筑空间之间的割裂空间，从而使食客能够更快适应新境空间。在建筑整体形态设计中，主要采用不同体块的穿插为食客带来更好的视觉体验，并将部分体块进行一定角度的旋转，并利用部分区域作出向外的悬挑处理，以开放交织的形式与主体体块进行交错穿插，使下方空间变为供人交流的灰空间，体块长边和短边的布置，同时也与周边的建筑与自然环境相呼应。

并将部分区域进行退台处理，以营造建筑横向层次感，退台形成的空间区域被作为户外就餐区与露台，形成"地平线"般的纵深感，为食客提供更多的公共灰空间的同时，也为食客在建筑内向外的视野作出延伸，如同一个画框一样将北面的稻

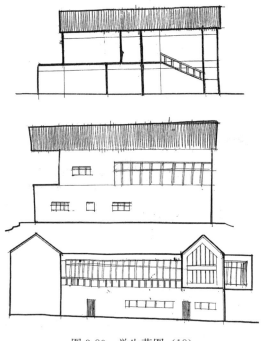

图 3-80 学生草图（18）
（图片来源：学生自绘）

田视觉景观更好地呈现给建筑内部的食客。

教师点评：

① 方案中无障碍设计有较好体现，对无障碍坡道和无障碍卫生间的设置这种关键环节均有所考虑。

② 该学生通过巧妙地运用退台设计不仅成功地营造出了建筑的横向层次感和纵深感，还为食客提供了丰富多样的活动空间和自然景观的观赏体验。这种设计手法既体现一定的创新思维，又增加了体验感。

③ 在疏散方面，满足相关规范要求，设置主楼梯及疏散楼梯。

（3）包可欣作品二草阶段

这一阶段的主要工作是修改并确定方案进行细部设计。根据自己的分析和教师的意见，弄清一草方案的优缺点。优点是采取了锡伯族传统的坡屋顶，传承了锡伯族文化，缺点是流线不够清晰。将餐厅部分分为动静不同的分区，把顾客流线又分为散客流线和包间顾客流线。散客流线顾客进入餐厅经过服务台，在指引下走到一层南侧的就餐区，包间流线是进入餐厅经过服务台，在指引下直接通过楼梯进入二楼包间区。包间设置在相对安静的二楼，散客布置在一层的南侧区域，满足不同类型顾客的需求。再通过听课学习有关资料，扩大眼界、丰富知识、吸取其中有益经验，修改并确定方案，设置室外就餐空间，加大建筑退线的宽度，在原方案基础上进行改动，考虑室外台阶、铺地、绿化、停车场及小品的布置。

对垂直交通进行合理布置；楼梯设置为两部，一部主入口附近的开敞，方便游客上下楼，另一部设计为员工楼梯，方便工作人员的活动。厕所主要考虑增加了无障碍卫生间，满足残障人士的需求和便利。考虑到厕所对顾客用餐的体验，把厕所设置在角落，不打扰顾客的用餐体验。在一层区域采用不同的高差，划分用餐区域和厕所区域。研究建筑造型、推敲立面细部，根据具体环境适当表现建筑的个性特点。选用带曲率的坡屋顶制造建筑的流动性，让整个建筑立面更活泼。南侧大面积开窗满足室内就餐人员对采光的需求，也让旅客透过窗户感受美食美景融为一体。室内座椅多采用传统的宽板凳、八仙桌渲染乡镇文化。室内设计稻米发展的文化墙和购买纪念品的小超市，为旅客的乡镇之旅增添一抹新的色彩。

在建筑设计已经定型的情况下将室内设计进一步深化，并注重室内环境的气氛烘托。在餐厅内部的布置上采用稻田的黄

图 3-81　学生草图（19）

（图片来源：学生自绘）

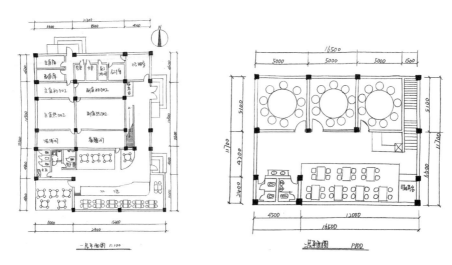

图 3-82　学生草图（20）

（图片来源：学生自绘）

色为主色调，大面积运用乡镇特色——稻穗来营造氛围。摆放一些碾盘、石磨、爬犁、辘轳反映当地浓郁传统文化和风土人情，勾起人们对乡镇生活的回忆。餐厅使用的桌椅尽量体现粗犷、厚重和乡土性，如采用传统的宽板凳、八仙桌。南面大部分场地设置为可进行采摘的生态果蔬园，倡导当季新鲜食物；空间上吃在当地，推荐本地食物，现摘现做，采用健康的烹饪方式，保持食物本味，在厨房设置玻璃，烹饪过程全程可视，让顾客可以参与到采摘—清洗—烹饪—上菜的过程中。在娱乐活动上，原始的农家用具既可装点庭院，还能设置水井教顾客用辘轳提水、用爬犁犁地、用棉花纺线、用粗线织布等。让旅客回归自然环境，与自然零距离共处。

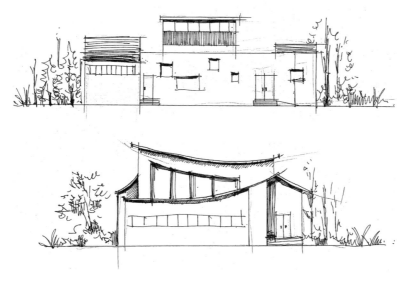

图 3-83　学生草图（21）

（图片来源：学生自绘）

教师点评：

① 选用曲面坡屋顶形式，让整个建筑形体更活泼。通过南侧大面积开窗提升采光同时，很好地把建筑与周边景观结合。

② 内部空间塑造大面积运用乡镇特色——稻穗来营造氛围。南面大部分场地设置为可进行采摘的生态果蔬园，突出沉浸式体验主题。

③ 无障碍设计较为充分，基本满足规范相关要求。

④ 该学生在设计中能考虑合理安全疏散，确保了建筑整体功能性、安全性和舒适性。

4. 方案深入设计（三草阶段）

1）第三次草图阶段

（1）三草场地设计和立面细化

① 场地设计

进入三草阶段，场地设计的完成度需要更加细致的刻画，场地设计的内容包括绿化、道路和广场。场地设计更加类似于景观设计，但相较于景观设计专业来说，建筑学的场地设计不需要研究植物的特性和生长特点，所以在本专业叫作场地设计，而不是景观设计。

② 绿化

建筑设计专业的场地设计过程中的绿化仅提供树木、灌木、草坪的位置和形状即可，不用研究植物的种类、品种、习性等具体问题。沉浸式体验乡镇餐饮建筑，从绿化的角度来说，带给观者的可以是风吹过稻田的宁静，可以是小桥流水人家的闲适，也可以是简单的树下光影，这些都可以给人体验到乡镇的静谧，从而达到体验观光的感受。另外，由于是乡镇体验式的建筑，所以建筑的绿化还可以是菜地和稻田，或者是果园，这些都可以作为绿化景观来使用。

③ 道路

一个通达的道路系统是本设计的关键，它不仅关系到使用者的便利，好的道路系统也是室外环境的点睛之笔。三草设计阶段，道路的体现需要明确表示出道路的形状和级别，注意各个转弯处要倒角。路面材质的体现也需要在三草阶段做到更加完善。这些都是为了成图打好基础。

④ 广场

广场设计是建筑外环境设计中另外一个关键点，广场起到集散作用，同时也会让建筑显得不那么沉闷，让建筑更加"透气"。在本设计中，至少需要一个小型的集散广场，它应该被设置在建筑主入口附近，可以结合景观和道路进行具体设计。在本设计中，广场应该以建筑的外观和立意进行设计，其中包括广场的形状、铺装、位置等方面。对于要有沉浸式体验观感的乡镇餐饮建筑，广场设计依旧可以沿用建筑五感来进行设计，这样能起到更加引人入胜的作用。

（2）第三次草图阶段要求

三草图纸是建筑设计过程中的一个重要阶段，三草图纸的要求虽然与正式图相同，但在细致程度和内容上可以有所简化，特别是重复部分。制图步骤、制图深度及内容需要特别关注。下面将总平面图、平面图、立面图和剖面图进行详细说明：

① 总平面图需要表达一下主要内容：建筑与红线、场地道路、场地及景观设计、树

木及绿化、建筑高度、室内外标高、指北针、图名比例。这里要注意建筑定位，要表明建筑与用地红线的关系，还有就是场地道路及入口广场、铺装等都是容易遗漏的，再就是契合主题设计的场地空间，如采摘区、鱼塘、饲养区等具有乡镇特色的场地空间也应该进行表达，还有就是场地入口及建筑入口都要表示清楚，这样有助于表明场地流线。

② 平面图绘图步骤，首先要绘制好线稿，接下来要上墨线。上墨线要注意线型，绘制轴线，使用细线；画墙身，使用粗线；画门窗，要注意门窗定位，尤其细部尺寸的标注。接下来要完善细部表达：门窗、台阶楼梯（上下方向）、坡道、阳台、露台、花坛、花池、栏杆等，一层平面图要带周边环境、剖切线及指北针，标高标注（室内、室外、屋顶、雨棚、标高），门窗的表示，完整建筑图（出入口）。

③ 立面图绘图步骤，墙体中心线定位，外轮廓线，根据建筑空间层次的前后关系，绘制建筑各个体块的轮廓线，门窗位置（高度、宽度）、檐口（高度、挑长、宽度）、细部处理（门、窗、墙面、踏步等细部的投影线）、加粗外轮廓线：加粗建筑各个不同空间的轮廓线，以表达不同的建筑层次关系，按线条等级依次加深其他各线。地面线最粗；外轮廓线粗线；轮廓线（柱子、檐口等）中粗；次要分层次的线（门窗外框线）较细；门窗等细线；墙面材料最细；标高标注（室内、室外、檐口）。绘制阴影，加入环境空间的表达，突出建筑和环境的前后关系，配景表达，可适当加入天空增强表现力，加入配景树体现建筑尺度，立面图线宽要求：最外轮廓线画粗实线（b），室外地坪线用加粗实线（1.4b），所有突出部位如阳台、雨棚、线脚、门窗洞等中实线（0.5b），其余部分用细实线（0.35b）。

命名方式如下：

第一种用房屋的朝向命名，如南立面图、北立面图等。

第二种根据主要出入口命名，如正立面图、背立面图、侧立面图。

第三种用立面图上首尾轴线命名，如①～⑥轴立面图和⑥～①轴立面图。

④ 剖面图绘图步骤

绘制地平线：表示室内外高差绘制外沿边界线；墙体线、墙体的中心线、墙厚、楼板（屋面板）位置；表达剖到的和看到的建筑结构线，区别剖到的建筑结构和看到的建筑结构；高度线（室外地坪、檐口高度）；室内地面线（地基不用画）；门窗高度线、檐口（女儿墙）高度、出檐宽度、厚度，楼板、屋面板厚度，结构室内门窗投影等；细部处理门窗、檐口、台阶、踢脚线等；表达剖到的不同的建筑构件，尤其注意剖到的建筑结构的材质特性（混凝土、砖墙等），剖切到的墙体、楼地面板加粗，按线条等级依次加深其他各线；标高标注（室内外地面、楼板、屋面板、檐口）。

剖面图一般剖切位置选择房屋的主要部位或构造较为典型的部位，如楼梯间等，并应尽量使剖切平面通过门窗洞口。

剖面图的图名应与建筑底层平面图的剖切符号一致。

表达内容如下：

a. 墙体定位轴线。

b. 剖切到和可见构件，如门窗、楼地面、屋顶、楼梯、台阶、坡道、散水、雨棚、柱子及梁板线等。

c. 标高，各个楼面标高、女儿墙顶标高。

d. 尺寸，内部构造尺寸，如内部门窗、洞口等，3 道尺寸线。

剖面图的线型如下：

a. 剖切到的墙体、楼板、梁、女儿墙、画粗实线（b）。

b. 室外地坪线用加粗实线（1.4b）。

c. 剖切到的门窗截面中实线（0.5b）。

d. 其余部分用细实线（0.35b）。

2）方案深入设计——实例解析

（1）孙浩楠作品三草阶段

在材质方面，为了环保和节约材料成本，采用了就地取材的方式，将当地废弃的砖，经水泥再加工后二次利用。为了提高材料的耐久性，也采用了花岗石作为墙体，承重的一部分，通过花岗石的质感更能凸显建筑的个性和特色。在这基础上采用木材进行装饰，美化外观。

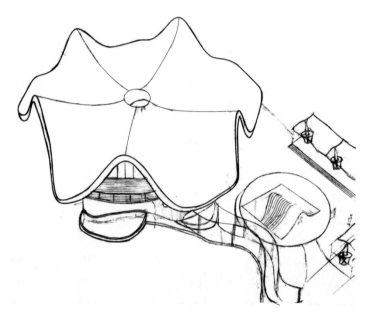

图 3-84　学生草图（22）

（图片来源：学生自绘）

在光照方面，由于周围大多为稻田，冬季阳光能够很好地照射到室内。室外在原先的基础上在汽车停车位的地方开出一个小道直接通向鱼塘附近。同时，在建筑与停车场之间增加了绿化面积来更好地降低汽车噪声带来的影响。

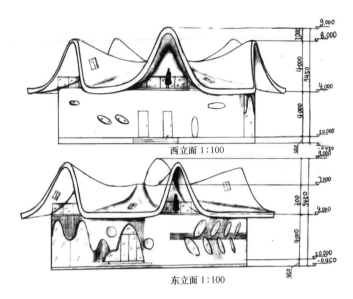

图 3-85　学生草图（23）

（图片来源：学生自绘）

教师点评：

① 材质方面就地取材，对原有材料能进行再利用，立面材质采用花岗石，凸显建筑质感，但是在旧材料及新材料结合应协调。

② 制图方面深度存在一定不足，应保证 3 道尺寸线，细部尺寸应补全。

（2）段岳岑作品三草阶段

基于对建筑材料与颜色搭配方面的思考与对建筑内部空间与整体形态的进一步深化。在建筑材料方面，本建筑大面积使用红砖绿瓦，灵感取自维多利亚式建筑，色彩绚丽，用色大胆，色彩对比强烈，整体以复古为主基调，并采用传统窗户布置建筑整体，绿色的屋顶也更好地融入当地特色建筑群，随后将倾斜突出部分的体块用黄色花岗石覆盖，并采用现代玻璃幕墙与现代材料结合，在传统古典的整体基调中作出现代建筑语言的突出点缀，现代与古典碰撞出的高雅气质，不仅是人们对于过去经典设计的怀念与致敬，更是对当下流行室内风格的反馈与结合。

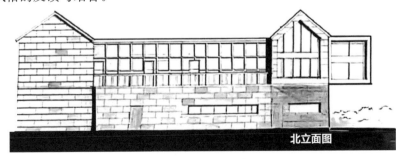

图 3-86　学生作品（3）

（图片来源：学生自绘）

色彩与质材的穿插使用，以营造出高低错落的美感材质。以现代的设计手法诠释典雅柔美、张弛有度。建筑整体通过用绿、红、黄三色作为建筑整体颜色搭配，不仅形成鲜明对比，同时也在互相调和。黄色花岗石的点缀也在整体古典的风格中尤为突出。

图 3-87　学生作品（4）
（图片来源：学生自绘）

建筑内部以近现代欧式风格为主基调，采用深浅两色瓷砖与深浅两色大理石作为装潢材料。建筑内部空间使用视觉空间手法划分，空间之间没有明显的界限，保持整体空间的连贯性，借助悬挂物等通透的隔断物，暗示食客不同的空间，并通过材质的分隔与色彩的碰撞来划分区域，区分食客区域与工作人员区域；通过深浅两色区分公共空间与私密空间，并且在建筑一层空间设置一层抬高的曲面地台与舞台，在内部空间中产生一定的高差，充分体现出内部空间的层次感，食客在享受美食的同时，可以观看一些乡镇风情的表演，即用"听"感受建筑空间，体验当地特色乡镇文化。

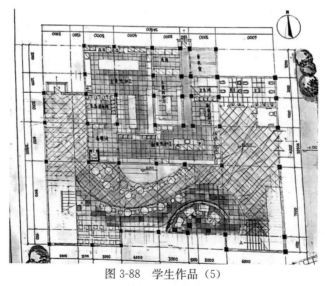

图 3-88　学生作品（5）
（图片来源：学生自绘）

　　在建筑整体形态的进一步深化中，主要通过对部分体块进行倾斜延伸，将整体体块与整体正南正北规整的风格形成鲜明对比，使其突出于建筑主体。在屋顶形态的设计过程中，主要采用平屋顶与剖屋顶两种形式。在突出的建筑体块采用平屋顶，将少部分体块营造出现代建筑的简洁风格，而坡屋顶的利用也为建筑古典传统的设计语言奠定了基础。两者的相互结合，相辅相成，整体外观造型简洁大方，色彩明快给人以清新自然的视觉感受。营造精致质感，彰显建筑优雅品质。

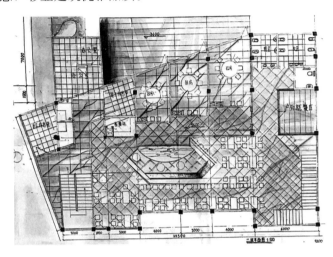

图 3-89　学生作品（6）
（图片来源：学生自绘）

教师点评：

① 建筑材料选取红砖绿瓦较为符合当地地域特点，色彩对比强烈，整体以复古为主基调，并采用传统窗户布置建筑整体，绿色的屋顶也更好地融入当地特色建筑群。

② 制图深度要满足整体要求和标准，确保提供完整的 3 道尺寸线和细部尺寸信息。

（3）包可欣作品三草阶段

第三次草图阶段，更深层地细化了设计内容。由于是北方地区，地面应具备保暖性，所以地面采用中性和暖色调的地板和地毯，构造一个温暖舒适的空间。

图 3-90　透视草图
（图片来源：学生自绘）

加强厨房流线的布置，更衣室旁设置工作人员的卫生间。厨房内部的空间，遵从食库—主食、副食初加工—主食、副食热加工—备餐间的流线，厨房一层和二层设置备餐间和餐梯，方便食物的运输。在二层设置服务员的休息室和服务台，避免服务员和顾客的流线交叉。流线布置更加合理且不与其他流线交叉。建筑的布局采用由低到高布置，日照会更加充分。因为建筑主体高度只有 2 层，所以用了较高的层高，增加整个空间的通透性。二层的环形室外平台主要突出观光体验式乡镇餐饮建筑主题。而且在建筑上采用保温隔热的手法，用空心砖和贴苯板保温层降低外墙的导热。保温工作做的合理可以减少冬季对煤炭和木材的消耗，减少燃烧产生的污染。除此之外还在门窗上加装密封条，采取双层玻璃，都可以达到节能减排的作用。墙面铺贴蓝色的瓷砖作为墙裙，强调空间的整体性。坡屋顶空间使用水刷石作为饰面，与地面平整光滑的淡黄色水刷石形成粗糙与平滑的材料对比。一层屋顶平台正面混凝土浇筑，梁柱间的衔接显示出结构件的力量感。立面墙上的长条窗，允许更多光线进入室内，同时为每一位就餐的顾客提供开阔的视野，欣赏稻梦小镇独特的建筑、自然景观。

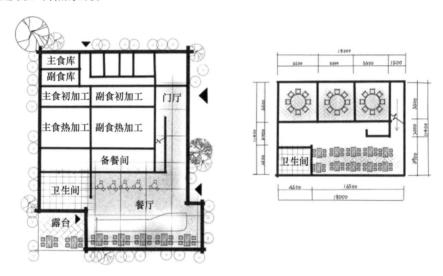

图 3-91　学生草图（24）
（图片来源：学生自绘）

教师点评：

① 厨房流线的深化较为合理，避免服务员和顾客的流线交叉。流线布置更加合理且不与其他流线相交叉。

② 二层的环形室外平台突出观光体验式乡镇餐饮建筑主题。坡屋顶的材质选取较为理想，增加一定建筑表现力。

③ 制图深度还有提升空间，如未提供完整的 3 道尺寸线。细部尺寸缺失可能导致定位不准确、材料浪费、返工甚至安全隐患，因此，制图深度要满足要求。

5. 成图阶段

完成本作业的最后一步就是成图阶段，这个阶段主要的工作是排版，而排版可以看作是建筑学专业的平面设计。为了做好这个作业，成图排版和建筑方案设计一样，都需要经过思考，设计出一个精致的平面排版。在排版设计时，可以根据方案特点进行版面设计和装饰，也可以简单通过有序的图纸空间划分出各图的位置，这两种方式都以清楚、美观地展现出建筑设计作品为目的。

1）建筑图纸排版设计的三个基本步骤。

（1）排列图纸顺序

排图作为成图阶段的第一步是最容易忽视的。排图应注意图纸之间的逻辑顺序。通常情况下，图纸可以分为外观图纸和技术图纸两大类，而效果图可以分为鸟瞰图和人视图两种。成图的图幅是 A1（594mm×841mm），合理安排图纸有利于其他人读图，也会让图纸更有逻辑。一般属于外观的图纸有：鸟瞰图、总平面图、立面图，并配以相关分析图（如总平面图配体块分析图、场地流线分析图、景观道路广场分区图、体块生成图、立意拓扑图等）。属于技术图纸的有：人视图、平面图、剖面图、室内效果图，并配以相关分析图（如建筑爆炸图、水平斜轴测图、剖透视图、建筑疏散示意图、功能分区图、日照分析图、节能示意图等）。

（2）设计主题装饰和字体

建筑设计都有立意和构思，所以成图排版的装饰也需要和建筑的主题相关，并将其切合到一起。好的排版设计需要花时间去构思其装饰性元素，这些元素不仅会给整幅图纸增色不少，并且也会起到统一图纸的作用。图纸的装饰元素大致可以分为：线条装饰元素、几何图块装饰元素、环境过渡贯穿装饰元素等，可以根据自己的建筑设计立意进行灵活选择。关于字体设计方面，它是体现建筑设计题目和立意的最直观展现形式，字体可以分为：字体形式设计、字体组合设计、字体大小三方面。字体形式可以贴合建筑设计主题和立意进行设计。字体的组合应该是主副标题的关系排列，也可以是中英文搭配，还可以是字体框架区域的设计和安排，字体排列可以是横向的、纵向的、斜向的、几何框架内部的等。字体大小也是显示主从关系的一种表现形式，关于字体的大小在 A1 图纸上需要多大合适，并没有明确的答案，大小可以根据主题设计思路去发挥，但是大小组合不应盖过图纸的大小，字体是装饰的一部分，不应该喧宾夺主，更不能占据重要图面位置。所以好的字体设计可以为建筑图面增光添彩，有创意的字体设计也会是画龙点睛之笔。

（3）上色

好的颜色搭配是丰富图面的另一个重要手段。尽管有相关的知识储备，但是面对生涯中的第一个设计，色彩的运用还是非常的生涩，这体现在颜色的搭配、技法的运用、画材的选取上。关于色彩的运用，剪影图是一种色彩的表现形式，它不仅是简洁和干练的代表，也是让画面更加高级的一种方式，色彩可以选黑白剪影，也可以选择彩色剪影，具体剪影色彩选择还是需要根据建筑设计图纸来确定。除了剪影图以外，渲染图、晕染图等都可以成为上色搭配和选择的方式。接下来是技法的选择，在成图的绘图技法中，尺规作图是必须的，要保证图纸干净整洁，也要确保线条工整，即"横平竖直"。色条、色块渲染要均匀，晕染要过渡自然均匀，效果图的绘制中可以选择水彩画、彩铅画、光影素描画的技法和风格，这里没有严格的限制，只要图面效果和谐，任何技法都可以使用。画材选择方面，推荐使用的画材有马克笔、彩铅、铅笔、水彩、水粉、油画棒、丙烯等，它们的使用方法根据各自的特点来确定，所表现出的效果也是各不相同，如马克笔的色彩鲜亮，彩铅、铅笔讲究排线的细疏程度，同时颜色比较清淡；水彩色彩比较透明，水粉有一定的遮盖力，但二者都属于淡彩；油画棒和丙烯都属于浓彩，颜色比较浓烈，油画棒可以刻画细节，丙烯可以作为大面积平铺或者渲染使用。

（4）综合以上，成图设计中所涵盖的内容也比较多，也是最容易功亏一篑的一个阶段。建筑设计的灵魂，最抓人眼球的一个部分就是成图的排版阶段，所以设计到此，万不可轻视懈怠，这也是建筑设计的魅力所在，即处处有设计，处处有考量，设计无处不在。

2）成图——实例解析

（1）孙浩楠作品成图阶段

在整理好之前的所有草稿之后，进行绘制 2 张 A1 图纸。此次作品名为"稻梦空间"。在字体的设计上采用中英文垂直排版的方式呈现。方正的汉字与柔长的英文相结合能够产生更好的视觉效果。在排版上，将俯视图、总平面、四个方位的立面图、形体分析、环境分析、光照分析等放在第一张图里，主要以外表的形式推敲建筑形体。第二张图主要放了两点透视、一层平面、二层平面、剖面、室内环境等分析图，主要以内部的形式分析建筑空间。接着用水彩进行深一步渲染，采用写实的风格对建筑及周边环境进行上色。

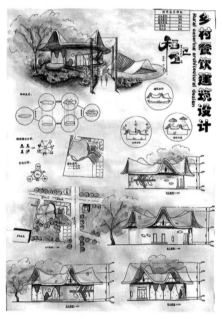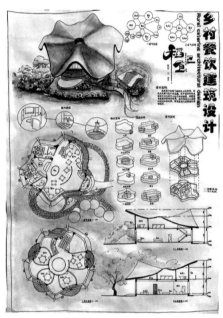

图 3-92　学生正图（1）

（图片来源：学生自绘）

评语：小清新风格的排版设计，给乡镇田野里的这一朵"小花儿"添上了一笔很好的点缀。构图的色彩统一，该同学是用水彩渲染上去的，这种手法比较考验手绘技法，也是比较麻烦的表达形式。为了达到好的效果，该同学选择了水彩渲染，可以看出用心的态度，文字设计还有待加强，环境表达同样需要努力。

（2）段岳岑作品成图阶段

本次设计注重空间的运用，基于灯光营造室内氛围，运用现代手法与传统元素融入本次建筑设计，并通过体块穿插、材料混搭、与个别体块进行突出处理的设计手法进行表达。而在室内设计中，注重对各个功能分区之间关系的协调与对材料的选择，不同材料搭配组合所呈现的整体质感，故更为理性实用。为食客营造更为舒适便利的就餐环境的同时，也融入当地特色锡伯族文化，让食客感受到真正的五感建筑。

图 3-93　学生正图（2）

（图片来源：学生自绘）

评语：该同学的排版比较好，可以用很现代的构图表达自己的设计思路，色彩也很符合乡镇餐饮建筑的设计风格，用彩色铅笔表现整幅作品，比较耗时，但是可以更细致地表现出建筑细部，构图比较饱满，字体设计和副标题也很贴主题，这个设计总体很好，需要再接再厉。

（3）包可欣作品成图阶段

设计的主题是"飨味"，"飨"即众人在一起饮酒用餐的意思，也指用酒食款待客人。"飨味"有两种意味，一是指本地人都热情好客，用酒食招待客人有人情味；二是把"飨"可看成乡和食，飨味就变成了乡食之味，表达了乡镇美食的美味。绘图时，主要运用黄色红色和灰色的撞色，明亮的色彩给人活泼的感觉。绘图用 2 张 A1 的图纸，采用日式浮世绘的表现手法，通过大胆的色彩对比表现主体。主要用马克笔表现，在透视图上用水彩画上树和仙鹤，表达悠闲的氛围。最后用彩铅表达细节。

本次设计着重深化立面的设计和流线的布置，让每个空间都相辅相成，建筑设计也因地制宜，与当地锡伯族文化相结合。室内外将多种乡镇元素融入设计中，本土风格和多个乡镇娱乐设施让顾客在乡镇氛围中得到彻底放松。与现代化结合的部分也能让餐厅获得差异化的竞争力。考虑环境保护、节能、节水、节材等有关规定，在多个方面实施节能减排。让顾客有体验感的同时，设计的沉浸感也为顾客带来了新颖的感官体验。

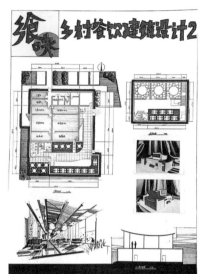

图 3-94　学生正图（3）

（图片来源：学生自绘）

评语：该同学比较擅长马克笔表现，当时建议她采用日本浮世绘的风格来表达整体，她加入了自己的理解以后，呈现出来的画面就让人很有"食欲"，明显这种尝试是比较成功的。缺点是构图稍微有些松散，分析图过大，偏少。字体设计和色彩选择也很符合餐饮建筑的特点，总体来说是一个优秀的作品。

3.3.4　观光体验类建筑设计小结

本次沉浸体验式乡镇餐饮建筑设计从最开始的由教师利用假期到乡镇找真题，再到带领学生现场进行调研，近距离亲身感受稻梦小镇的民风民俗，体验当地文化，最终完成该课程设计。

通过本次设计，了解到每个地区都有属于自己的特色文化和生活方式。在沉浸体验式的餐饮建筑中，应保留当地特色传统元素，从建筑材料、室内陈设、空间布局上贴合当地特色，同时考虑建筑的在地性，营造特色空间，将乡镇餐饮建筑的沉浸式体验感带入设计中，使当地传统文化得到传承与发扬，让越来越多的人走出繁华，走进自然，走进乡土文化，不断深入推进乡镇的建设。

3.4　旧改类建筑设计教学过程解析

3.4.1　旧改类建筑设计基本概念及任务书解读

1. 基本概念

本节着重讲述旧改类建筑设计，即旧的既有建筑改造设计。

建筑改造设计的定义是指根据城市发展需要和大众生活需求，使不同类型既有建筑物的功能、体量、结构及使用性能等方面发生变更，以合理化建筑物使用状况、延长建筑生命周期、提高环境质量的再设计活动。建筑改造设计包括对既有建筑进行改建、扩建（加建）等方面的再设计。

根据既有建筑的存在状况和变更需求，改造设计的具体内容有以下四个方面：

（1）功能转化：经改造设计后，其建筑既可延续原有使用功能，也可转变为新的单一或混合用途。

（2）空间重组：依据使用功能的变化需求，对既有建筑的空间秩序和组合方式进行再设计，以求产生更加符合建筑用途和逻辑关系的空间模式。

（3）结构变更：调整和改善既有建筑局部结构体系，使之更符合新空间布局的荷载需求；对既有结构进行复核加固，以满足现行技术规范要求；优化既有建筑表皮结构，达到更加节能和美观的效果。

（4）性能改良：运用新技术，对既有建筑的管线、设备等辅助部分和既有建筑局部修复和室内装修等环节再设计，使其符合新的技术规范和使用需求。

本次旧改类乡镇餐饮建筑设计针对大二的学生，学生们刚刚接触建筑设计，仅涉及第一方面功能转化的相关内容，其他三方面内容不作要求。

2. 任务书解读

1）教学目的

详见 3.1.1 节第 2 条解读。

2）设计概况

本次设计为真题真做，项目地点位于沈阳市沈北新区兴隆台街道单家村稻梦小镇，因为项目所在地是旅游景区，所以业主要求对自家小卖部进行升级改造，扩建成为含有餐饮、住宿功能的便利店。建筑用地面积为 738m²，其中长宽为 41m、18m。一期总建筑面积为 400m²（以轴线计算正负不超过 10%）。二期建筑面积暂不设限，需要满足建筑使用功能合理。

3）设计内容

<table>
<tr><td colspan="4" align="center">设计明细表　　　　　　　　　　　　　　　　表 3-7</td></tr>
<tr><th>房间名称</th><th>每间面积/m²</th><th>间数</th><th>合计面积/m²</th></tr>
<tr><td>便利店、餐厅</td><td>80</td><td>1</td><td>80</td></tr>
<tr><td>厨房</td><td>40</td><td>1</td><td>40</td></tr>
<tr><td>库房</td><td>32</td><td>1</td><td>32</td></tr>
<tr><td>标准间（有单独卫生间）</td><td>25</td><td>4</td><td>100</td></tr>
<tr><td>套间（有单独卫生间）</td><td>50</td><td>1</td><td>50</td></tr>
<tr><td>走道、楼梯等交通面积</td><td>约 80</td><td></td><td>约 100</td></tr>
<tr><td>停车场（不计入建筑面积）</td><td>108</td><td>1</td><td>108</td></tr>
<tr><td>入口门洞（不计入建筑面积）</td><td>32</td><td>1</td><td>32</td></tr>
<tr><td>一期总建筑面积</td><td></td><td></td><td>400</td></tr>
</table>

注：1. 客房的标准间、套间的间数和面积可以针对造型需要适当调整，不作硬性规定。

　　2. 主入口门洞（面宽 4m、进深 8m、高度 2.7m）需要与建筑统一设计立面。

　　3. 二期可以适当考虑，待后续建设。

4）设计要求

（1）规划要求

具体设计要求详见 3.1.1 节第 2 条任务书解读，并且满足业主要求，保留主楼和不可用地。地上建筑不超过 2 层（第二层可为二期建设）。主楼南向的门洞、便利店、厨房、餐厅高度不可高于 2.7m（一层主楼高度）。新建建筑需要注意与原有主楼之间的关系，突出旧改类乡镇餐饮建筑主题，考虑室外场地（基地中的不可用地范围不能设计建筑可以设计内庭院）。建筑入口处的停车场为 6 辆小型汽车泊位。

（2）训练重点

① 如果要成功地设计一个旧改类建筑，必须在设计前进行现场检查。首先一定要对改造的原有建筑物，进行充分了解。了解改扩建对象的现有功能和损坏情况。

② 检查建筑物周围的自然环境，以了解建筑物与周围环境之间的相互作用和联系。紧密结合基地环境，处理好新建建筑与原有建筑及周边环境的关系。室内外相结合。在平面布局和建筑体型推敲时，要充分考虑其与附近现有建筑和周围环境之间的关系及所在地区气候特征的影响。

③ 在基本功能得到完善的情况下，原生态是引人驻足的法宝，在进行乡镇建筑设计的时候，要把原生态的特质强化，最大化地保留具有良好感受的元素。将其中隐藏的美景进行放大、强化，让原生态的景观更加鲜明、显眼，引人注意。

5）图纸内容

具体图纸表达要求和内容，详见 3.1.1 节第 2 条任务书解读。

6）绘制要求

详见 3.2.1 节第 2 条任务书解读中第 6 条绘制要求。

7）图纸要求

详见 3.2.1 节第 2 条任务书解读中第 7 条图纸要求。

8）参考书目

（1）《餐饮建筑设计》。

（2）《建筑设计资料集》（第三版）。

（3）《青山筑境：乡村文旅建筑设计》。

（4）《旅居中国——体验民宿之美》。

（5）《饮食建筑设计规范》及各种现行建筑设计规范。

9）各阶段任务重点

（1）调研阶段：主要集中在收集和分析资料信息，以便为后续设计提供基础数据和支撑。

（2）草图阶段：正确理解旧改类乡镇餐饮建筑设计要求，分析任务书给予的条件，进行方案构思，做出初步方案及工作草模。

① 了解各房间的使用情况，所需面积，各房间之间的关系。

② 分析地段条件，确定出入口的位置、朝向。

③ 建筑物的性格分析。

④ 对设计对象进行功能分区，闹、静分区。

⑤ 合理地组织人流流线。

⑥ 建筑形象符合建筑性格和地段要求，建筑物体量组合符合功能要求，主次关系不违反基本构图规律。

该阶段应集中精力抓住方案性问题，其他细节问题可暂不顾及。一草包括总图和平面图，有无比例均可，主要表达设计构思。做出形体辅助草模。

（3）第二次草图阶段

这一阶段的主要工作是修改并确定方案进行细部设计。学生应根据自己的分析和教师的意见，清楚一草方案的优缺点，通过听课学习有关资料，扩大眼界、丰富知识、吸取其中有益经验，修改并确定方案，修改一般宜在原方案基础上进行，不得再作重大改变。

一草确定后，进行细部设计，使方案逐步优化，要求如下：

① 进行总图细节设计，如室外台阶处理、铺装形式、绿化及景观小品布置。

② 平面应根据功能和流线要求处理细节，如着重设计走廊和楼梯等。

③ 确定结构选型，根据建筑功能及技术要求确定柱网尺寸，通过设计了解结构形式对应的建筑功能关系。

④ 分析建筑造型，推敲立面细节，根据周围环境突出建筑自身特点。

⑤ 了解家具对人的身心影响，才能更好地充分设计室内空间及家具布置。

（4）第三次草图阶段

由于第二次草图设计的时间有限，不可避免会存在一定缺点，不能充分满足各项要求，学生应通过自己的分析、教师辅导、小组集体评图清楚设计的优缺点，修改设计，使设计更加完善。其要求与第二次草图相仿，但应更加深入，较妥善地解决各项问题，满足教学要求。

三草图纸除了无需排版，其他均与正图相同。要求尺规作图，图纸尺寸和比例均同正图。

（5）上版阶段

对第三次草图作少许必要的修改后，即进行模型制作或者上版。正式图务须正确表达设计意图，无平立剖不符之处，并要求通过上版系统地掌握绘制透视表现的方法，细致地绘制线条图，达到一定的制图表现能力。

如图：

本次设计的单家村稻梦小镇隶属沈阳市沈北新区兴隆台街道，位于街道西侧，主要对外交通为 101 国道。综合体占地约 0.9km²，是辽宁省内最大的稻田景观旅游风景区。近距离辐射单家村（2.6km²，约 270 人）和盘古台村（3.4km²，1058 人，其中锡伯族人口占 80% 左

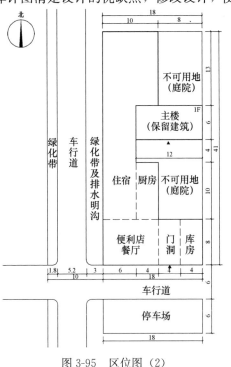

图 3-95 区位图（2）
（图片来源：设计任务书）

右），远距离辐射兴隆台街道驻地。该小镇依托"稻梦空间"景区建设，以"世界上最大的稻田画"为主体景观，借此评为国家 AAA 级风景区，具有较强的游客吸纳能力和社会经济效益。该小镇致力于打造多元复合产业，通过稻田设计、种植、收割的全产业链，带动了周边 200 余名村民实现创业增收。30000 亩（20km²）稻田参与锡伯龙地的标准化生产，锡伯龙地稻梦空间的绿色大米在网络平台与景区零售方面业绩可观。品牌知名度高，发展势头强劲的"稻梦空间"多次登上央视，成为沈阳市乃至辽宁省知名的创意农业品牌，模式被推广，员工成为网红。目前，"稻梦空间"从景区、产品到品牌知名度都具有良好基础优势。

单家村是锡伯族聚集村，锡伯族历史底蕴深厚、民情风俗源远流长，是沈阳的非物质文化瑰宝。作为西迁原点的兴隆台镇，每年四月十八日隆重举行锡伯族西迁纪念活动，大批的新疆及全国各地锡伯人到兴隆台寻根祭祖，在感受同根感情的同时，带动地区的旅游业发展。

目前单家村建设仍然存在现代农业产业体系不完善、公共设施缺乏以及周边村寨环境较差、开发建设不规范等问题，阻碍了景区乃至整个区域的品质提升，影响游客的旅游体验品质。针对现阶段乡镇开发建设研究太少，相关理论、法律、法规尚未出台，编制体系不够完善等困境，在本次设计中，突出当地特色提高旅游品质势在先行。因此综合考虑沈阳全域街道、乡镇、村庄等区位优势、资源类型、用地条件、设施基础及农业产业发展情况，精准定位田园综合体的主题类型、主要功能及主导产业，明确特色乡镇和田园综合体进行重点培育，稻梦空间综合体则作为沈阳近郊农业观光旅游特色集聚地进行重点打造。以保护生态环境、营造特色景观、打造田园社区为主旨，紧密围绕稻梦空间景区，重点打造"稻梦空间"田园综合体景观吸引核心。延伸创意农业产业内涵，强化核心景区的环境品质与服务质量。

图 3-96　清境民宿入口景观墙
（图片来源：作者自摄）

3. 成功案例

沈阳周边旧改类乡镇餐饮建筑著名的虽然比较少，但是可以借鉴民宿类建筑。背靠沈阳国家森林公园堪称五星级标准的清境民宿是其中的佼佼者。

沈阳清境民宿，藏在青山处，坐落在沈阳沈北新区马刚乡中寺村。中寺村最初是一个农家乐集散地，民宿、采摘等娱乐项目启动得早，但以前更多的是承接从森林公园返城的游客，很少有人是奔着中寺村来的。客流的改变，在龙福山生态园区落成后得以改变。园内，大片的花海争相斗艳，开阔的健身广场拥着喷泉，切割如壁的山体上镌刻着李仲元先生的题诗和爱新觉罗·恒山先生的题字，还有山脚下由二十四节气演变而来的七十二候石刻群，这些都令园区充满了浓郁的文化气息。别看现在这里景色旖旎、风光不输远山，就在几年前，生态园所在的地方还是一个光秃秃的"石头山"采石场。

借着周边环境的改善，在原有农家院的基础上改造出了清境民宿。

　　清境民宿致力于经营的同时，也在积极帮助周边农家做着力所能及的事情。现阶段，清境民宿从周围农家购买了大量笨鸡蛋作为随手礼赠送给前来入住的客人。这不仅可以使客人品尝到当地的特色产品，也解决了农民售卖笨鸡蛋的问题。随着季节的变化，民宿还会继续购买当地农家特色产品，如水果等，作为随手礼，尽自己最大能力来助农。清境民宿一层为餐饮部分，设有休闲活动空间。顶层设有带天窗的特色房间，可以躺在柔软舒适的大床上通过天窗来欣赏星空，亲近自然又不失奢华，在原始中感受最舒适的住宿，感受别致的入住体验。

图 3-97　入口处中寺村简介
（图片来源：作者自摄）

图 3-98　厨房空间
（图片来源：作者自摄）

图 3-99　休闲活动空间
（图片来源：作者自摄）

图 3-100　住宿空间
（图片来源：作者自摄）

图 3-101　特色空间室内部分
（图片来源：作者自摄）

图 3-102　特色空间室外部分
（图片来源：作者自摄）

3.4.2　旧改类建筑设计调研

1. 编写调研报告

1）调研报告的内容要求

① 基地分析：综合考虑地理位置、自然资源、基础设施、经济状况、人才资源、政策环境、市场分析以及发展潜力等多个方面。

② 实地调研：真实项目单家村稻梦小镇。

③ 案例调研：优秀案例包括总平面、平面功能及流线分析优秀案例至少 1 个，造型、立面方面分析优秀案例至少 1 个。

④ 资料调研：包括建筑设计相关的最新规范、技术和建筑材料。

根据任务书内容，明确本次设计目标，带着目的到现场调研。

建筑改造的目标：物尽其用，在保护和优化既有建筑的历史、文化属性的同时，改造既有建筑中功能、结构等不合理之处，使之全面适应新的使用要求。物超所值，满足建筑自身新需求之外，提升建筑所处既有场所的整体环境质量，提升建筑在城市中的认知度，实现一定的社会效益。性能优化，结构选型、构造做法能够适应新功能需求，且更加合理，延长既有建筑的使用寿命。可持续，经过改造后的新建筑符合当下及未来所倡导的绿色、可持续发展之观点，节约用能，高效用能。

除了明确建筑改造目标，还要了解建筑改造原则才能在实地调研时有的放矢。

建筑改造的原则：可持续发展原则，一是强调建筑物质基础持续利用。改造的同时应该保持建筑的可持续性，使其在较长的时期内能够被反复利用，尽量避免对建筑进行破坏性改造；二是强调建筑使用中的节约用能和高效用能。技术合理原则，改造必然要对原有的结构和设备进行一定程度的破坏与调整，因此改造本身所需要的施工技术应该更加先进、合理。灵活多元原则，在改造过程应当采取灵活有机的策略，以差异求协调，符合不同时期建造技术、建筑材料带来的不同表现力的融合。以人为本原则，创造出各种人性化的内、外部空间，增加空间的活力和情趣，使改造后的建筑形象和空间更加人性化、多样化，也更加符合建筑物新的功能需求。文化认同原则，包括对既有建筑历史和文化的尊重和对地域文化属性的呈现。经济合理原则，不会造成重大经济损失的既有建筑改造和再利用才是合理可行的。

2）深入理解设计理念

为了能够较好地完成本次旧改类乡镇餐饮建筑设计的调研报告，最终达到调研目的，只是了解建筑改造设计原理还不够，还要了解乡镇建筑设计及乡镇景观设计的理念、原则等。乡镇建筑设计理念注意以下三点：

（1）聚落形态

聚落形态是指由街巷、民居等物质要素构成的乡镇总体布局是容纳人们居住、交往和游憩的多功能空间活动场所。每个村落的发展都有一个自然演化规律，均有各自的自然条件和历史背景，自成体系，形成各具特色的建筑布局道路骨架和水系网络。如北方多平原，地势平坦、相对开阔，村落规模较大，空间多呈团聚型、棋盘式分布，聚居的人口较多；而南方多丘陵和山区，地形复杂、崎岖，村落规模较小，空间分布相对分散，聚居的人口较少。在对本次北方传统村落的塑造中，切不可采用南方村落特色或城市单一化的大拆大建改造模式。而应适应当地、顺应肌理、因势利导、错落有致，从而有效地保护北方村落原有形态。

（2）乡土建筑

乡土建筑是指传统乡镇聚落中具有地方特色、历史文化的古老建筑，这些建筑保留了多种当地传统元素，且建筑围合尺度适宜、体量得当、错落有致形成了很好的空间效果。积极保护利用乡土建筑，在新建建筑布局上，不可盲目跟风，而应从地方乡土建筑特色出发。结合生产与生活方式的改变，遵循小体量、分化的原则：在建筑用料上突出环保化、未来化和生态化；在建筑风格上应与原有建筑保持一致，即在不破坏原有氛围的前提下有选择、有步骤地修旧如旧，或新旧协调。如北方建筑坐北朝南的观念较强，注重采光，南方建筑则注重通风；从北到南，民居的屋顶坡度逐渐增大，房檐逐渐加宽，房屋进深和高度逐渐加大，南方建筑多有前廊用以避雨；北方建筑考虑冬季室内供暖和墙体保温，南方建筑在这方面的成本较北方低；在建筑装饰特征中正好相反，南繁北简、南奢北朴，即北方建筑的造型与立面设计，比较强调厚重、朴实，用材上则尽量选择一些以砖、石为主的材料，而南方强调的是清新通透，立面多为浅色，建筑材料的选择上，多是涂料、木结构、仿木结构、钢结构等；由于南方太阳高度角大，因此同样高度的建筑，北方建筑南北间距比南方大。

（3）民俗文化

民俗文化是指传统村落中那些别有情致的传统工艺、传统服饰、民间艺术、节日庆典、信仰体系等。涉及乡镇的社会、经济、宗教、政治等各方面是传统乡镇聚落中重要的文化特质。设计中，应充分挖掘地方文化内涵和历史信息，使其得到传承和延续，从而使乡镇生活方式以稳定、渐进的动态模式得以发展。反之，民俗文化体系将随之动摇和瓦解。

3）乡镇景观设计注意内容

（1）乡镇景观要素

① 村落：民房、房前屋后林、聚落等。

② 农田：耕地、村头聚会地、篱笆等。

③ 道路：农用道路、田间小道等。

④ 河流水系：自然河流、池塘等。

⑤ 树林：近郊山林、杂木林等。

⑥ 其他：祠堂、石佛、石碑、石墙、洗衣场所、水井、水车、小木屋、晾晒稻子的架台等生活风景。

（2）乡镇景观分类

① 乡镇聚落景观

乡镇聚落景观完全有别于城市景观。首先对于乡镇景观而言，建筑体量相对较小，建筑形式多以当地特色建筑形式为主，且建筑材料多以当地的石材、木材为主，房屋稀疏；其次，对于乡镇的建筑大多会设置房前屋后的庭院，在根本上有别于城市建筑。同时，这也是乡镇建筑密度低的主要原因。

② 乡镇文化景观

乡镇文化景观于村庄而言，是村庄表面现象的复合体，它反映了该村庄在该地区的地理特征，以及在村庄整个发展历程中所形成的特有的地域文化。它是人类活动的历史记录以及文化传承的载体，同时也具有重要的历史文化价值。

③ 乡镇植物景观

乡镇植物景观是一个由自然生态环境、农耕文明形态、人文生态环境共同作用下的生态共和体，它包括农田里的庄稼、果园里的林木、溪流边的杂草等，乡镇植物景观就是一个地方地域特色的标签。

（3）乡镇景观设计原则

① 整体性与多样性原则

乡镇聚落景观是由一系列景观要素构成的具有一定结构和功能的整体，是自然要素和人工要素的复合载体。同时，它又处处体现景观形态的多样性，即不同的景观有不同的景观结构和功能。在传统村落景观设计时，运用多学科知识，使道路和建筑这类人工要素与自然要素（山体、水体、田园等）协调统一、有机融合，从而既体现出乡镇聚落景观的整体性，又充分发挥每个景观要素的个性特征。

② 地域性与时代性原则

乡镇聚落景观是一个地域性概念，应处理好与时代的关系，崇尚个性，展现地域特色。全国有这么多村庄，分布在长江流域南北不同的地理环境中。经过数百年甚至数千年的发展，形成了不同的建筑风格、乡镇机制和人文。对于本次设计的村庄，是服务于旅游的，即在城市中生活的人们来这里玩耍、吃饭和购买当地农产品的地方。只有吸引城市居民消费，才能推动村民的生产和生活。在城市里的人们喜欢看当地的、古老的东西，喜欢体验当地的生活，结合这些村庄独特的风景、风俗和风味进行相应设计。这种设计必须与城市不同，它也不同于景区，因为这是生活社区，生活是第一，观光是第二。在此基础上，应坚持景观乡土性与建筑功能现代性的统一，积极采取有机更新措施以求达到最佳利用状态。

③ 现实性与持续性原则

塑造传统村落景观切忌"贪大求高、追新崇洋"，而应立足现有，以自然的演进理念，将传统中最具活力的部分与景观的现实及未来发展相结合，从而巧妙地将自然的田园绿意组织到空间环境中，使之获得持续活力的价值和生命力。

构筑传统乡镇聚落景观体系的研究思路，要注意传统乡镇聚落景观是该地区社会发展的历史积淀，是其地域文化的外现，同时又是一个鲜活的处于变动中的有机体。随着社会的发展，传统的民俗文化、生活方式正处于瓦解状态，村落景观也随之发生着明显的变化。从本质上来说，这种变化来自于生活在其中的居民的变化，因为他们才是该区域发展的原动力。在切实有效地保护其传统生活氛围、挖掘历史文脉和人文元素的同时，应逐步提高村民的生活质量，离开了生活在其中的居民，传统村落的特色和生命力也就无所依附了。只有通过居民所进行的村落传统景观保护才是有价值、可实施的。

从村落原有形态着手，构建乡镇聚落景观安全格局，要注意村落从选址开始，经过几百年甚至上千年与环境的适应和发展演化，已经成为大地生命机体的有机组成。然而目前的农民新村设计建设，已出现了城镇小区的形式主义倾向，这不利于营造乡镇聚落中应有的景观环境。这就要求在设计中，从村落原有形态着手，充分挖掘对维护村落景观塑造过程中起关键性作用的景观素材、节点元素、空间位置及空间肌理，从而构建完善的乡镇聚落景观安全格局。乡镇聚落的生命在于田园山水格局、交通网络、交流空间、乡土建筑的特色保护及民俗文化的认同五个方面。它们是构成村落景观安全格局的重要组成部分，也是保护与延续村落活力与生命力的关键所在。通过对这五个方面的挖掘、判别、整合和传承，构建完善的乡镇聚落景观安全格局，并在此基础上，采用拼贴手法，引入新的景观和开发建设。这种方法在保护和整合村落原有形态、肌理文脉，保持村落的完整性和真实性的同时，将创造一个具备生态良好、历史延续、文化特色和认同感鲜明的和谐新农村。

以乡土特色景观为载体，营造特色鲜明、优美宜人的乡镇景观节点，要注意乡镇聚落生活的宜人，不仅在于其优美的田园环境，更体现在独有的乡土特色景观给予村民的精神满足。这些乡土特色景观往往与村落的开放空间相结合，成为村落的公共场地。如可以增设村民活动广场、大戏台等供人们休憩、集会、交流。这种集会区域，一般位于村落的中心，前面有个小广场，村民们在这里可以进行聚众议事、公益演出等社会活动和文娱活动。对每一个可以利用的乡镇特色景观节点进行判别、整合，形成邻里级、组团级、社区级三级完善的村落开放空间体系。同时，在细部上，结合现状，针对不同级别的开放空间配以不同的景观小品要素，如古树花坛、桥、石凳等，从而为村落街道注入活力，营造诗意宜居的意境。

（4）乡镇景观设计要点

① 延续场所人脉

在设计中，注重反映乡镇景观所体现的场所历史、延续场所文脉，成为构建新景观、体现场所独特性的一种方式。

② 保存农业体验

现代园林是为大众服务的，除了休闲、游憩的功能之外，也兼具教育的功能；特别是对城市中的儿童来说，农业的体验是至关重要的内容。乡镇景观是人们感受乡镇气息的重要载体，也提供着农业体验的重要作用。

③ 借景田园风光

乡镇广阔田野上斑斓的色彩、美丽的农田、起伏的山冈、蜿蜒的溪流、葱郁的林木和隐约显现的村落，体现了海德格尔对理想的人类生存环境所下的定义——"诗意地栖居"。本次改造设计的周边环境是一片片的稻田，突出特色就在稻田里。

（5）乡镇景观设计方法

① 空间布局

a. 生产区域

通常，生产区域是美丽乡镇中面积最大的区域，是经济发展的保障。

b. 居住区域

美丽乡镇村民居住点一般以院落形式为主，除了对村屋的外立面的改造以外，房前屋后的改造也是提升景观效果的一个重要方面。

c. 集会区域

设计上可以增设村民活动广场、大戏台等供人们休憩、集会、交流。

d. 交通区域

在保证行车行人的安全情况下，重点打造道路两旁的景观氛围，以营造植物意境为主。

② 空间营造

a. "点"形空间

"点"形空间提升要点：在院落内种植生产性的果树，突出四季特色。栽培蔬菜景观如藤蔓类蔬菜丝瓜、黄瓜等，在院落内合理地布置设施景观如水井、传统农具石碾、石磨、筒车、辘轳、耕具等。

b. "线"形空间

"线"形空间提升要点：通过道路两旁的院墙、防护篱、植物的高矮、色彩的变化从而达到不同的视觉效果。在街道两侧过渡地带种植蔬菜或者果树，春天开花，秋天结果，使村落的街道景观更加具有田园风光。

c. "面"形空间

"面"形空间提升要点：协调果树、蔬菜、高粱、稻田、麦田、油菜等不同农作物的色彩变化和尺度搭配。以农田的整齐韵律、果树的春华秋实、苗圃的郁郁葱葱、花卉的绚丽多姿构建景观的氛围。

③ 形态组织

a. 静态空间

静态空间形态是指在相对固定空间范围内，视点固定时观赏景物的审美感受。以天空和大地作为背景，创造心旷神怡之美；以茂密的树林和农田构成的空间，展现荫浓景深之美；山水环抱，瀑布叠水围合的空间给人清凉之美；高山低谷环绕给人深奥幽静之美。

b. 动态空间

体验者在体验过程中，通过视点移动进行观景的空间称为动态空间。动态景观空间展示有起景、高潮、结束三个段落。按照乡镇景观的空间序列展开，如按传统村落建筑、农田种植区、花卉苗木圃、蔬菜瓜果园等划分，形成完整的景观序列。

④ 景观细部

a. 村标设计

村标设计一般位于村庄主入口，如果有需要也可以在村尾设置村标进行前后呼应。

设计要点：村标的形式主要有牌坊、精神堡垒、大型标示牌、立柱等。村标必须与当地的特色和文化相结合。注意村标的整体体量、建设材料的选择和色彩的搭配等。

b. 建筑外立面改造

设计要点：

建筑外立面改造是基于建筑原有结构的前提之下，增添极具地域特色和乡镇文化的装饰元素，从材料和元素着手，本着尊重场地文化的原则进行建筑外立面的"轻改造"。

c. 文化节点打造

文化节点打造是指村民活动广场、大戏台等一系列公共场所的景观打造，除了要突显当地特色以外，还兼具宣传教育、普及当地文化和倡导文化传承的功能。

设计要点：合理地布置休憩设施、宣传栏、健身器械、文化雕塑小品等，景观要素要符合当地文化，以突显地域特色为主。

d. 植物设计

美丽乡镇的植物设计与城市中的植物配置有很大的区别，它并没有专业的人员进行长期维护。

设计要点：选择不用长期打理、能自由生长的乡土树种，打造乡镇原有的乡野植物景观。草花类选择多年生长草本，切记不要选择短期的时令花。

e. 配套设施及雕塑小品设计

配套设施包括休息廊、休息坐凳、宣传栏、灯具等。雕塑小品可以是水井、农耕用具、石碾、石磨、筒车、辘轳、耕具等，也可以是彰显当地文化特色的雕塑。

设计要点：布局需合理，风格与当地特色相统一，体量要适中，材料选择要体现乡土文化和生态文化。

4）分析改造设计的原因及价值

（1）避免安全问题导致事故

很多旧建筑要进行改造设计的主要原因是老旧程度以及不能再继续使用，否则很有可能造成事故，所以对于旧建筑进行改造设计。否则很多旧建筑在过去进行修建之时并没有考虑建筑的长期实用性以及安全性，很多建筑仅考虑立面生动美观，在多年的风吹雨淋之后，旧建筑就出现了很多的弊端，如果不对旧建筑进行改造，那么长期的使用很有可能出现事故。

（2）保留旧建筑的历史意义

有的旧建筑的存在时间很长，对于当地来说具有重要的历史意义。但是由于旧建筑修建的时间太久，它已经不能够再继续维持原来的样貌以及功能。但是旧建筑蕴含的历史文化又很重要，旧建筑是很多人的共同归属地，承载了很多人回忆过去的心理需求，所以就要对于旧建筑去进行改造。在进行改造这类旧建筑的过程当中，保持遵守不破坏旧建筑的原本面貌，主要是对旧建筑的材质以及安全稳固性进行提高，保持旧建筑的长期存在。

（3）时代发展的需要

时代在不断发展，经济也在快速增长，很多农村升级成乡镇或是变成了特色旅游景区，乡镇会逐渐扩大，景区中间也有会明确的功能分区。而旧建筑在建造伊始是很难考虑到附近形势未来变化的，那么旧建筑在新环境之中就会显得格格不入，那么就必须对旧建筑进行改造设计，也为了当地的整体发展以及经济的增长，让旧建筑更加符合当地对于建筑的需求以及更加符合未来发展趋势和特点。旧建筑一旦不适应当地的需求，就会导致旧建筑所在的区域出现贬值甚至治安问题，重新对旧建筑进行改造设计能够有效地推动旧建筑附近成为新的经济增长点，给旧建筑附近区域带来新的活力。

2. 调研汇报及总结

1）叶洪林调研报告制作过程

在建筑设计初期，对单家村内部与周边场地和建筑场地进行了简单勘探，对锡伯族当地的人文特色和建筑风貌有了大致的了解，此外结合甲方对车库和场地内某个建筑单体的保留，对于初步的设计进行了简单构思，以四周的建筑风格为参考，在设计时避免出现与当地环境不相符的建筑风格，同时也要避免盲从，要使建筑本身在延续本村特有的建筑风格的基础上，对于细节部分有所突破创新，打造属于甲方本身特有的餐饮及民宿建筑。

图 3-103   场地实景
（图片来源：叶洪林自摄）

对于建筑场地本身的勘探，发现这块场地主要是以南北走向的矩形为主，因此受到场地本身的限制，会导致建筑内部缺乏光照，因此在建筑设计时，要注重采光问题；西侧为主要的交通干道，会有噪声干扰，因此在设计时要尽量减少噪声对于住户的影响，同时也要注意住户的西部和南部的车辆往来的安全隐患；庭院部分由于保留建筑的隔挡，使庭院一分为二，因此，可以充分利用这一条件打造前院和后院模式，食客在进食时可以欣赏前院的风光，而住户又能享受到后院独有的闲暇空间，一定限度上能实现功能结构和动线的合理区分。

此外由于建筑功能是商住一体，在设计时要注意食客与住户的动线分流和功能分区明确，避免两者动线相互交错造成不必要的混乱，能使双方群体享受独有的空间。

对于场地内部的勘探，发现原有建筑在细节上保留了很多东北传统特有的建筑构造和风格样式，装饰了菱形等几何形状，并且建筑本身都是以一层大平房为主。

教师点评：

该学生通过对场地的特点分析，较好地把握建筑的设计脉络，不足在于缺乏对场地尺度和建筑尺度的研究，导致整体出现尺度失真的情况。

2）王茹调研报告制作过程

本次设计为沈阳稻梦空间，该地位于沈阳市沈北新区兴隆台锡伯族镇。园区将创意农业、稻米文化、锡伯文化与旅游服务相结合，打造集稻田画观光、原始水稻种植、立体养殖、生产加工、休闲体验、会员加盟、科普教育七位于一体的"生产、生活、生态"稻米主题创意农业产业园。在本次设计中，业主要求对自家小卖部进行升级改造，扩建成为含有餐饮、住宿功能的便利店。

教师点评：

该学生对基地情况和周围环境调研认真，通过具体描述当地现状和分析场地周边需求，这对后期的单体设计有一定帮助。

3）谷思瑶调研报告制作过程

首先收集现场资料，对基地的地理位置、周边环境、交通和日照进行分析，了解规划要求结合乡镇现状发展特点。

此次建筑设计是对乡镇住宅进行改造，该设计中原有一层主楼需要保留，这是地形中的限定条件。进一步考虑把它们组织在建筑空间之中成为不可分割的组成部分。在考虑功能排布的时候就要根据用房特点，优先考虑主要房间的景观朝向。

其次进行案例调研选用优秀的案例作品，学习设计师的设计理念，如何对空间布局进行更合理的规划和调整，以及怎样才能既满足功能需求又结合建筑周围自然环境和文化需求。分别调研了申山乡宿一号别院和传统合院。

申山乡宿一号别院的原地是一幢 20 世纪 90 年代的 3 层小楼，是原来工厂办公所用的，旧楼在外观上呈凹字形，希望能将手上的 60 亩（40000m²）土地建成一个高端民宿集群。这块土地是当地一块工业废弃遗址，原先是水泥厂。水泥厂停业后，这些旧厂房一直被用作炼铝，极不环保。

传统合院布局与当代生活模式在建筑中的传统融合，北方地区传统民居的平面布局以院为特征，根据主人的地及其地情况，有两进院、三进院、四进院或五进院。该平面布局

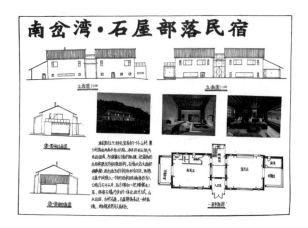

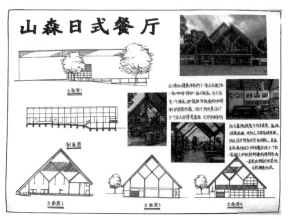

图 3-104　调研报告

（图片来源：王茹绘）

将传统仪式和现代交通流线糅合在一起，既能满足现代交通的使用需求，也具备一些传统的记忆。

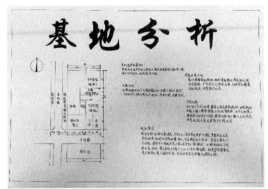
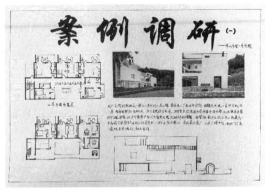

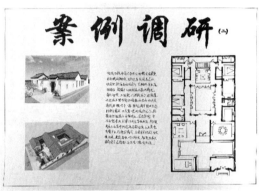

图 3-105 调研报告
（图片来源：谷思瑶绘）

教师点评：

该学生的调研报告布局精心设计，色彩运用灵活，对周边环境分析准确，调研案例系统全面，有益于后续设计。建议在调研后期增加相应规范的搜集，根据自身调研数据分析，从餐饮建筑角度，从乡镇规划角度，甚至从改造建筑角度，调研分析并进行初步设计。

3.4.3　旧改类建筑设计过程

1. 方案概念设计（一草阶段）

按以上理念完成调研报告后，根据任务书要求，进行方案概念构思即一草构思并学会运用比例尺或网格纸绘制带比例的草图，便于后期正图放样。

1）构思方面需要注意以下问题：

① 在选定的基地上，对基地周边环境（道路、景观、人流、车流）进行分析。

② 空间感受的预设（清新、浪漫、复古、主题）。

③ 确定建筑风格（原始、现代、欧式、新中式）。

④ 特色空间的设置预想（入口空间、用餐区、庭院、改造空间）。

改造建筑在空间设计构思中有功能重组、空间形态改造和外部形态改造三种方法。

功能重组采用新旧功能延续方法，即改造后建筑的新功能对旧功能进行拓展与延伸，继续为既有的对象服务。空间形态改造采用外部空间水平附加的方法，在既有建筑的外部空间进行水平方向的扩建（加建），包括独立扩建和直接续建两种方式，应当充分考虑改造之后新旧建筑之间的联系。外部形态改造采用同质同构，即改造部分采用与既有部分相同或相近的材质和构成形式，"质"指材质和质感，"构"则包括构成和构造，新旧部分在改造过程中互为参考系。

2）针对建筑改造过程中"新"与"旧"的相对关系，既有建筑改造可以采用以下四种基本模式中的一种进行设计：

① 旧并入新：既有建筑的功能布置、空间秩序或是结构体系经过改造后完全或部分地被新建筑涵盖。一般适用于既有建筑存在价值不高或本身已经严重损毁且不具备修复可能的情况。

② 新融于旧：以既有建筑为主导，选择在其内部进行加建或改建，或仅对既有建筑某些损坏部分进行内部修复或更新。

③ 新旧并置：一般指改造后新旧部分"均势"联系。新旧两部分之间在空间组织和形式构成等方面保持一定的对比或一致的协调关系。

④ 新旧隔离：指改造过程中及改造后保持新旧部分在空间和结构上的独立性和完整性，在新旧部分之间施加连接。

3）总平面设计内容

（1）基地功能分区的步骤

① 划分功能区块

依照不同的功能要求，本次设计已经将基地划分为若干功能区块，在调研时如果发现有不合理的分区布置，可以提出问题共同探讨深入研究并修改。

② 明确各功能区块之间的相互联系

利用线条或箭头等符号联系各功能区块，使之逻辑关系紧密有序。

③ 选择基地出入口位置与数量

根据功能分区、防火疏散要求、周围道路情况以及城市规划的其他要求、选择出入口位置与数量。这种选择与建筑出入口的安排是紧密相关的。本次因为是改造设计，所以出入口已经明确。

④ 确定各功能区块在基地上的位置

通过分析各功能区块特点并结合基地条件，最终确定出入口位置等。

（2）基地总体布局

① 估算各功能区块面积

根据任务书对各个功能区块的要求，采取在基地试排的方法，估算面积大小，大致确定位置和形状。

② 安排基地内道路系统（车行、人行）

道路系统包括车行系统和人行系统两大部分。道路系统的布置既要处理与基地周边道路的关系，又要满足基地内车流、人流的组织及道路自身的技术要求。

③ 明确对建筑单体空间组合的基本要求（建筑高度、朝向、出入口位置等）

建筑空间组合设计应充分考虑基地的大小、形状，建筑的层数、高度、朝向，以及建筑出入口的大体位置等，找出有利因素和不利因素，寻求最佳的组合方案。最后，在进行单体建筑空间组合的过程中，也需要再次对基地的总体布局做出适当修改。

4）总平面设计方面需要注意以下问题：

明确餐饮建筑功能关系泡泡图，同时对基地周边情况进行分析（动静分区、内外分区），然后将能满足的建筑内部空间要求的外部环境进行功能分区，使之与建筑功能关系匹配。

本次改造建筑的设计模式采用相邻模式，即新建与既有建筑采取相邻布局方式，对既有建筑影响程度较低。一般采用共面或连接体方式连接。

平面设计过程中，要合理组织功能分区，满足流线清晰无交叉，同时考虑造型设计。

（1）餐馆、饮食店使用空间的组成

餐馆的组成可简单分为"前台"及"后台"两部分。前台面向公众并为公众服务的空间：入口大厅、就餐区、卫生间等；后台由加工区和办公区组成，其中加工区又分为主食加工区和副食加工区。"前台"与"后台"的关键衔接点是备餐间。

（2）各使用房间设计

① 主要适用房间——餐厅（用餐区域）

a. 空间感受预设（清新、浪漫、复古、主题）。

b. 空间界定—建筑手法（分隔与围透、对比与变化、重复与再现、引导与暗示、借景与延伸）。

c. 确定哪种风格的建筑（原始、现代、欧式、新中式）。

d. 特色空间的设置（入口空间、用餐区、庭院、改造空间）。

② 辅助使用房间——厨房

封闭式：厨房加工区用墙和门包围成封闭空间，这是厨房最常用的形式。

半封闭式：经营者将厨房的某一部分进行展示，使顾客能看到有特色的烹调和加工工艺，以活跃气氛，增加情趣。

开敞式：有些小吃店，如南方的面馆、粥店等，直接把烹制过程显露在顾客面前，现吃现制，气氛亲切。

③ 其他辅助用房设计——洗手间

卫生间设置在大厅附近，应利用景观加以遮挡或设计成迷路式卫生间，避免正对大厅开门。

（3）室内净高

餐厅、饮食厅、各加工间室内最低净高可查询相关规范，本次改造设计原建筑高度为2.7m，改扩建后的高度要与原保留建筑相统一。

（4）饮食空间设计与人的心理行为

① 边界效应与个人空间

人的心理需求：

a. 人喜欢观察空间和他人，有交往的心理需求。

b. 人在需要交往的同时，又需要有个人领域空间。

c. 人在交往的同时，需要与他人保持一定距离。

这个空间应该能满足人的交往需求，适当流通而不是封闭的，又能与他人保持一定的人际距离。

② 餐座布置与人的行为心理

a. 应以垂直实体尽量围合出各种有边界的饮食空间，使每个餐桌至少有一侧能依托于某个垂直实体，如窗、墙、隔断、靠背、花池、绿化、水体、栏杆、灯柱等，应尽量减少四面临空的餐桌，这是高质量的饮食空间所共有的特征。

b. 餐桌布置既要利于人的交往，又需与他人保持适当的人际距离。

2. 方案深入设计——实例解析

1）叶洪林—草阶段设计过程

在一草阶段，主要对于建筑的平面表达进行了初步设计，建筑的层数为2层，一层为餐饮区、普通客卧以及活动空间，二层设置为套房区域。将建筑内部的功能分区和建筑动线进行了划分。根据建筑场地的主要结构，将建筑功能主要分为餐饮和居住两部分，餐饮部分划分至南部的空间，而居住民宿部分则划分至更为隐私安静的北侧空间。餐饮面积约占140m²，其中建筑空间由南到北依次为便利店、餐厅和厨房，三处空间相互连通，餐厅位于便利店和厨房的中间部分，由此厨房可以直接进行菜品输送和酒水饮品零食等可直接通过便利店进行输送，此外，对于便利店内部同样增设了小岛台等座位，能方便当地居民或者游客就座进食。

关于居住空间部分，一层为普通客卧，约25m²，建筑北侧还设置了活动室和吧台供住户休闲放松；二层为套房约50m²，单独一间，为客房住户提供了完全的私密空间。此外，后院作为住户单独享有的私密空间，住户可以在茶余饭后于后院中闲庭信步，畅想未来，感受时间的流逝。

建筑的入口主要分为食客入口和住户入口。食客通过便利店入口，直接进入餐厅就餐或者在便利店进行商品的选购，而住户直接通过门洞，再穿过连廊进入房间，从而避免了食客和住户人员动线的交叉，一定程度上保障了隐私性。

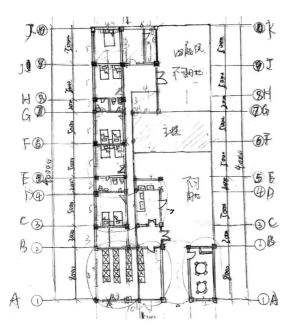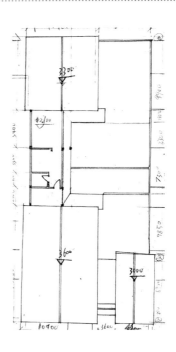

图 3-106 学生作业（1）

（图片来源：叶洪林绘）

教师点评：

该学生能将建筑内部的功能分区和建筑动线进行划分，按建筑功能主要分为餐饮和居住两部分，布局合理准确。

2）王茹一草阶段设计过程

在一草阶段，主要对任务书进行分析，了解基地概况、基地建筑类型以及对案例的调研。通过对稻梦小镇调研可知，"稻梦空间"目前包括形成 20000 亩（13.33km²）绿色水稻，年 10 万吨水稻生产加工能力和年游客近 30 万的规模。稻梦小镇从稻田画观光到立体种植养殖再到水稻精深加工，"稻梦空间"通过多产业融合发展，打通农业种植、休闲旅游、农产品加工的行业壁垒，诠释了农业产业融合发展的新方法，以旅游打出品牌、带动人气，用品牌带动农业生产和休闲美食和民宿全产业链发展，让乡镇变美，产业兴旺。极佳的产业为该地块提供了优质的基础。通过对场地周边与任务书要求的分析，发现该地块较为特殊，地块西侧面积较大，且南侧为业主家便利店、厨房及门洞，且需保留主楼建筑。通过实地调研发现，绿化带与排水明沟为不可改动区域。在与业主沟通时，发现业主较为注重经济支出。所以在本次设计时，严格按照任务书要求，考虑实际情况与业主需求做设计。

设计时，在充分分析周边环境基础上，尊重场地现状，保留优质的绿化现状，对部分区域进行绿化景观提升，并按照任务书要求进行动静分区，北边部分较为静谧且环境较好，设置为静区。南边部分在保持原有功能改变基础上进行更详细划分，作为吸引游客的主要区域，设为动区。同时，为游客设计了三条不同的流线。流线①为购物流线，流线②为就餐流线，流线③为来客流线。

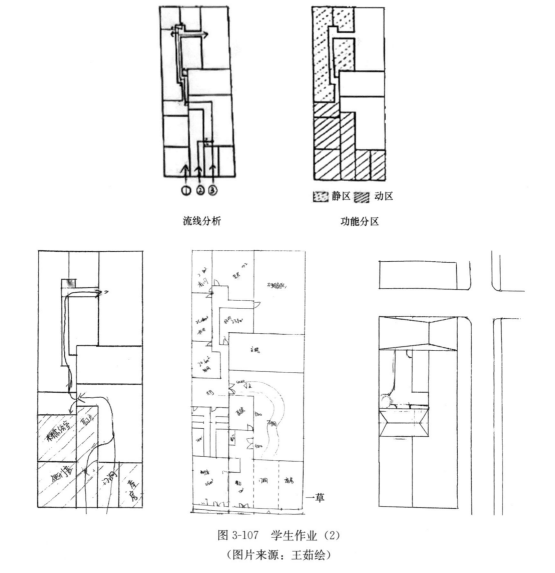

流线分析　　　　　　　　功能分区

🔲 静区 🔲 动区

图 3-107　学生作业（2）
（图片来源：王茹绘）

教师点评：

该学生能在分析周边环境基础上，尊重场地现状，对部分区域进行绿化景观提升，并进行动静分区，满足功能要求。

3）谷思瑶一草阶段设计过程

查阅了相关资料集，了解了不同餐饮建筑的流线组织，普通餐厅的平面布局和功能分区，有了这些初步的了解后绘制了总平面图、一层平面图、二层平面图。总平面图确定了建筑的大概形态是一个局部二层的设计，局部二层的设计层次分明可以为建筑增添许多美感。各层平面图确定了建筑内部的整体布局，规划了合理的交通流线，可以满足客人的不同需求。例如，只用餐的客人不需要走遍整个建筑，只需要从门洞进入餐厅用餐，也保证了住宿客人的私密性。

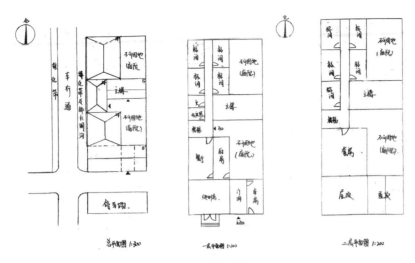

图 3-108　学生作业（3）

（图片来源：谷思瑶绘）

教师点评：

该学生能根据客人的不同需求，规划合理的交通流线来保证住宿客人的私密性。

3. 方案初步设计（二草阶段）

本次改造建筑的平面设计对功能进行了扩展，在既有建筑的功能不发生根本变化的前提下，扩展其容量，或增加原使用功能的新功能，造成建筑性能、空间尺度（跨度、进深、高度）和布局要求产生局部性改变。功能扩展能以有限的代价有效地实现既有建筑的功能更新，满足新的使用行为的需求。

1）旧建筑改造设计要点

（1）对于旧建筑改造的要求

很多需要改造的旧建筑都是民宅或者是具有历史意义的一些旧址，所以在旧建筑进行改造之前应当先了解居民以及当地对于旧建筑改造的要求。旧建筑改造并不是一朝一夕能够完成的工作，需要设计一步步进行，所以最开始的一些旧建筑改造的设计是十分重要的，一旦设计出现问题，那么后面的一系列程序都会出现问题。在旧建筑的改造过程当中时常出现改造方与居民出现矛盾，主要原因就是在改造之前没有进行沟通，所以在旧建筑改造之前应当要了解居民对于旧建筑改造的要求，再进行设计。

（2）旧建筑改造的方式

旧建筑改造主要有三种方式。第一种是细部改造，主要是对具有重要历史意义的建筑进行改造的方式。这种改造方式是不改变建筑的主要结构以及建筑的主要外貌，而是对于建筑的一些细小的部位去进行改造，改造时以不改变主要外貌为前提，让这个建筑能够适应一些新的功能，这种改造方式能够最大程度保留建筑原有的样貌以及建筑当中寄托的情感与意义，并且在整个改造的过程当中原材料以及资金投入较少。第二种改造就是旧料新用，是相当环保以及节省的一种改造方式。主要是对于那些不符合当地规划以及特点的建筑进行改造，因为要将旧建筑拆除的材料重新运用到改造后的建筑当中，需要原本的材料还能够继续使用，所以对于不太旧的建筑更加适宜。在建造成本方面也更少，并且旧建筑的材料也是更加适合进行改造的建筑材料，不仅降低了建造成本，也减少了对于环境的污染，这也是一种十分优秀的改造方式。第三种改造方式就是拆留改添，是中和了以上两种方式，既没有保留原来旧建筑的外貌，但是又没有完全拆除。这种改造方式是对于一部分不符合要求的建筑进行拆除而留下符合要求的部分，将缺少的部分再进行改造建设，这种建造方式对于旧建筑有着较高的要求。这样的方式不仅对旧建筑进行了创新，还保留了旧建筑原本的很多内容，也更加能够与原业主进行沟通，方便建筑工程的进行。在这种方式的基础之上还引申了一种改造建筑立面更换墙体材料的方式，这种也是对于旧建筑的部分进行改造，采用材料填充在墙体结构当中，不改变建筑立面墙体的位置，这种改造方式能够优化建筑立面的视觉形象，并且具有工期短、成本低、灵活运用的特点，所以这也是一种很好的改造方式。

（3）旧建筑改造的材料选择

不同的建筑用途对于材料的选择也是不同的，有些旧建筑为了外形会选择美观但是不具有良好的保温性与耐久性的材料，这些旧建筑就十分危险，所以要用更好的材料去进行改造。还有的建筑则是为了建筑的长期使用，所以选择十分不美观但是耐用的材料去进行建设，那么这些建筑就会不符合目前当地的整体形象以及规划，所以要对旧建筑进行改造。这两点也说明了对于旧建筑改造材料选择的重要性，对于改造方式积极尝试的同时，也需要对材料进行认真负责的选取，选取更加先进、新颖的材料，对于节能、环保、美观、耐用方面都能够满足要求。目前已经有了更多更好的材料可供选择，只需要在设计时对材料选择上用心调研，就能够保证旧建筑改造的材料的实用性。在材料的选取上尽量做到满足现代化建筑的多元化需求以及应用范围和形式上的多变性。

（4）旧建筑的现状分析

以上对于旧建筑改造设计的要点都是建立在对旧建筑的现状分析之上的，对旧建筑的分析能够在一定程度上决定旧建筑改造的方式、设计、材料等，所以要格外重视旧建筑的现状分析。首先，对旧建筑的意义进行分析，旧建筑是否具有重要的历史意义，或者旧建筑的居民是否对旧建筑有特殊的情感，是否需要保留旧建筑的原来面貌，并且还要分析旧建筑是否符合当地规划当中建筑的外貌形象等。其次就是对旧建筑目前的状态进行分析，这一点主要是从旧建筑的材料以及历史年份来判断，看旧建筑的建筑材料是否能够继续沿用，并且不会出现建筑安全问题，以及旧建筑的建造年份，还能否保持建筑的原样等。根据旧建筑的状态再确定进行改造的方式以及进行改造选取的原材料。最后就是对旧建筑的概念分析，旧建筑和新建项目进行对比，在很多方面都存在着很大的差异，所以在进行设计之前必须要对原有建筑的改造进行全方位的思考，保证在改造过程当中不出现其他问题。

2）改造建筑的立面设计注意要点

（1）旧建筑外立面材质的重构设计

重构设计是对于旧建筑进行改造的一种设计手法，对旧建筑进行重新的组织构成，在建筑的外立面改造当中使用重构这种手法是很常见的。通过打破原本的建筑构成结构，建立新的更加符合实际的构成结构，对于外立面进行新的构建，所以外立面材质的选择十分重要。目前有各种各样的建筑材料，要选择最适宜本建筑的材料需要设计人员进行研究，引入新材料。新的建筑材料在外立面的运用当中是十分广泛的，新的材质能够满足外立面的所有要求，色彩以及功能方面都能够达到设计的标准。通过旧建筑的重新设计以及材质的重新选择能够让改造后的旧建筑呈现新的美感，也保障了旧建筑的存在时间且更具有活力，现代感也更加突出。不同的旧建筑就需要选择不同的材料，对于现代化的建筑就选择更加具有现代化气息的材质，而对于那些更加具有历史意义的建筑则是要选择更有历史气息的材质进行改造，体现建筑的历史特色以及古典韵味。

（2）旧建筑外立面色彩的重构设计

旧建筑外立面的色彩是建筑设计当中最能够让人直观感受的一部分，所以对于色彩的设计也需要进行严格把握。在一个空间当中，人们最先感受到建筑的就是色彩的特点，然后才是这个建筑的材料和形态等。对于旧建筑当中不合理的色彩应当进行去除，并且选择符合旧建筑特点的色彩，以及结合当地的设计要求去进行色彩的选择。在不同色彩的映衬下，建筑也会产生不同的美感，对于不同的人来说也有不同的认知与感受。色彩重构的设计方式也是旧建筑改造当中较为常见的，特别是对于并不具有很明显历史意义的建筑，色彩的改变就能够满足旧建筑融入当地环境的要求，并且色彩重构的设计方式，不需要对旧建筑进行十分庞大的工程，不仅节省了成本，还能很容易就达到视觉上的要求效果，和当地规划达成和谐统一。

（3）旧建筑外立面层次重构设计

对旧建筑进行改造就要对旧建筑的外立面层次重构设计，在旧建筑外立面的改造当中，层次重构也是十分重要的一个方面，层次重构对于设计人的要求较高，对于技术的要求也很高。很多旧建筑由于历史悠久或者总体面积太过于庞大，层次重构就会有技术以及经济方面的困难，所以对于层次重构设计更加需要去打破困难。通过层次重构进行重组提高建筑的层次感，打破旧建筑围护结构的二维构成，通过利用建筑面的凹凸来实现体量交叉的效果，将旧建筑的设计体现出新的特色。在层次重构的设计过程当中由于要保障旧建筑的整体完整性，所以要运用建筑围护肌理元素去进行改建，既能够起到对旧建筑的保护作用又能够塑造外立面的立体层次感。

（4）旧建筑外立面尺度重构设计

旧建筑的尺度重构设计主要就是对旧建筑过去的功能通过改造变成新的功能，而新的功能也要符合旧建筑进行改造后的特点，以及对于旧建筑的功能要求。对于旧建筑新功能的设计就是通过尺度的重构设计，需要进行重新组合外部形态开口方式等，将建筑的外表形式以及功能进行结合。用尺度的变化给人一种旧建筑改变的感觉，让旧建筑呈现出更多的功能特点，满足当地对旧建筑的要求，并且在旧建筑的改造设计当中也需要重视对环境的影响。旧建筑的改造是一项大工程，所以很容易因为材料以及工程等对当地环境产生污染，在可持续性设计观念的影响之下，旧建筑改造更加重视绿色化，所以在旧建筑改造的设计当中应当增加生态环保的理念，用更加生态的方式对旧建筑去进行改造。

（5）旧建筑的功能再造设计

旧建筑的改造设计的具体做法需要对于旧建筑改造后的功能作出具体的分析。对于旧建筑进行改造的时候，首先就应该满足旧建筑的功能性原则，所以在进行旧建筑的改造时，重视保护旧建筑的主体结构。对于原本就具有重要功能的旧建筑就只能进行细小的改造，主要对于建筑平面和立面去进行改造。而对于并不具有具体功能的旧建筑就要进行大规模的改变，然后让新的建筑具有具体的社会功能。还要重视旧建筑的安全性问题，很多旧建筑要进行改造的原因就是安全性不能得到保障，所以在旧建筑进行改造时要重视旧建筑改造后的安全性问题。旧建筑的改造要遵循可行性的原则，让旧建筑能够承受新建筑的结构要求，挖掘旧建筑存在的具体意义以及功能。

3）相关的建筑技术设计要点

（1）建筑改造中常见材料的运用

材料的多样化为建筑改造提供了诸多的可能性，建筑改造对材料的性能有一定的要求。因为每种材料所具备的不同工程特性，决定了金属、玻璃、木材成为建筑改造和更新设计中经常被使用的材料，而混凝土和石材等不可逆材料使用概率则较低。同时，由于材料的属性不同，决定其适用于不同的改造项目。

（2）既有建筑材料在改造中再利用

既有建筑中存在的既有建筑材料，不仅有其功能作用，也有重要的文化精神作用，在建筑改造和更新中应该重视其价值，用适当的方法进行保护甚至创造性地加以利用。

（3）新旧材料连接处的构造处理

构造和节点的设计，既有技术工艺上的要求，也能体现设计人员的设计观念和美学取向。建筑改造中的构造和节点设计，重点在于处理新旧建筑元素之间的交接。

（4）外围护形式的构造做法

在建筑改造项目中，常涉及对围护结构进行保护修缮，常见的有对建筑外立面和屋面进行的改造，对围护结构的改造使既有建筑和新建筑在形式上和谐统一。

（5）吸声改造要点

吸声改造是为了保证舒适的声音（如音乐、歌唱、生活中的交谈等）听清。可以采用缩短或调整室内混响时间、控制反射、消除回声；降低室内噪声级；通过隔声内衬材料，提高构件隔声量等措施来达到这一目的。

（6）隔声改造要点

隔声改造是为了降低噪声（不舒适的，如刺耳的啸叫声等）对正常工作生活的干扰。可以通过确定建筑改造后的隔声要求；分析噪声来源、类型和位置；计算隔声量，以选择合适的隔声材料和构造；核算隔声量并采取其他隔声辅助方式等措施来达到这一目的。

（7）自然采光改造要点

根据新的使用功能确定采光等级和要求。计算原有建筑采光是否满足新的使用要求。结合原建筑条件和采光要求确定改造方式。增加其他辅助方式改善采光条件。例如，室内采用浅色装修，增加反射；采用日光增强型窗帘，兼具导光和遮阳作用；采用高投射玻璃，提高采光强度。

（8）人工光环境改造要点

依据新的照度标准改造。根据功能和气氛要求，改变灯具布置形式、色温和色光。根据使用要求，避免眩光。

（9）自然通风改造方法

调整建筑进排气口大小、位置、高低、形式及障碍物的高矮、距离等改善室内通风环境。设置挡风板（结合立面造型）和天窗改善通风条件。设置通风竖井、小天井、中庭、边庭等，利用"烟囱"效应改善室内通风条件。通过增加管道式通风系统，实现冬季室内换气。

（10）保温改造措施

本次设计为北方建筑，外墙、屋顶和门窗这三个重点部位要有保温改造措施。针对外墙部位，根据改造要求增加内外保温，提高保温性能。如需保留外立面宜采用内保温，反之宜采用外保温。针对屋顶部位，宜增加外保温，更计算结构荷载。针对门窗部位，更换保温性能好的门窗，加强门窗气密性，或在原有窗内侧或外侧附加保温窗以提高保温性能。

（11）节能与生态技术的基本原则及其内容

以人为本、环境舒适原则，即提升既有建筑综合环境质量，为使用者创建健康、舒适的空间环境，满足使用者生理及心理的需求。节约资源、持续发展原则，即增设可再生资源的利用设施，减少对能源、材料资源、水资源的浪费，提高自然资源在建筑全生命周期中的利用效率。尊重自然、保护环境原则，即建筑改造应力求减少对周围环境的干扰，协调建筑与自然的关系，尽可能减少使用各种不可再生资源，尊重并保护当地历史文脉，探寻建筑与环境之间的最佳契合点，以追求最佳的环境效益。因地制宜、被动优先原则，即建筑改造方案与技术措施尽可能做到因地制宜、就地取材，采用被动式技术，降低建造费用。

（12）节能与生态技术的设计要点

建筑改造的节能与生态技术设计要点主要涉及既有建筑的围护结构节能改造、绿色节能设施增设以及可再生能源利用三个主要方面，具体内容有围护结构节能改造，既有建筑围护结构的节能改造主要涉及墙体、门窗及屋面等部件，改造重点是提升围护结构的热工性能，使改造后的围护结构满足现行国家或地方的节能指标要求；绿色节能设施，建筑改造应依据不同地区的气候特点增设相应的技术设施，例如本次设计应对严寒地区需增设冬季防寒的入户保温门。可再生能源利用，需结合项目所在地域的可再生资源现状进行科学论证，在可利用的前提下，宜优先采用太阳能光热技术，对太阳能光伏、风能以及地热能技术的增设需进行充分的应用论证。

4）方案深入设计——实例解析

（1）叶洪林二草阶段设计过程

在二草阶段主要确立了建筑的外立面造型、平面空间具体的布置、梁柱的排布等。

首先对于外立面造型，尊重周边环境和原有的建筑风格以及旧村改造计划的特殊性，将造型定位为传统风貌的坡屋顶形式，并且多以木结构和青砖为主要的建筑材料。建筑总体被分为四个结构，各个建筑部分的体量、高度、细节、造型都有所不同，在视觉上能感受到建筑整体灵动多变，高低错落，富有韵律感。同时，建筑造型又尊重了当地的自然特色和人文特色，充分体现了东北传统老民居的建筑特色和锡伯族的民族文化，让建筑自身能很好地与周边的景色相互融合，体现自然与建筑和谐统一。

建筑设计时模拟了传统古建中的外廊模式，将部分的走廊划分为开敞空间，通过装饰柱相连接，一定程度上既能减少交通空间呆板、沉闷的组织形式，又能增加室内外的连通

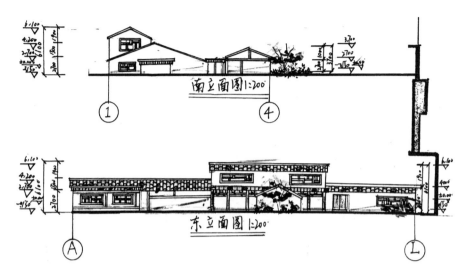

图 3-109   学生作业（4）
（图片来源：叶洪林绘）

感，使空间结构富有韵律、节奏感，让住户感受到室内外空间相互的连通感，视觉上扩大了建筑视觉。

在空间的划分上，通过简单的梁柱布置，将餐饮、居住、活动室等功能进行合理区分，同时尽量减少多余墙体和梁柱的布置，减少对空间的占用，实现空间分布最优化。

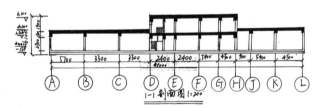

图 3-110   学生作业（5）
（图片来源：叶洪林绘）

教师点评：

该学生在空间设计时能参考传统古建的外廊模式，使空间结构富有韵律、节奏感，并通过简单的梁柱布置，将餐饮、居住、活动室等功能进行合理区分，实现了空间分布最优化，值得鼓励。

（2）王茹二草阶段设计过程

在二草阶段设计时，选择将原有厨房打通做门洞，将原来的门洞部分改为库房，使门洞处于较中间的位置，更方便游客出入行走。由于建筑不超过地上 2 层，且要符合北方气候条件特点，所以在设计时采用有弧度的坡屋顶设计，起到吸引游客的作用。

同时对便利店内部做出调整，将便利店的面积分割给餐厅，并将厨房与餐厅合二为一，在增大餐厨面积的同时，方便旅客用餐后直接进入该民宿院内，减少流线交叉。住宿

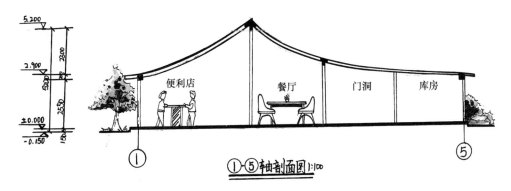

图 3-111　学生作业（6）
（图片来源：王茹绘）

部分设置了三个客房以及一个套房。在设计时考虑到不同种类人群的需求。客房设计了两个双人间，一个单人间以及一个特色榻榻米房间。套房设计主要服务于家庭出游旅客以及小团体出游，并在室内设计特色酵素浴室，增加业主的经济收入。

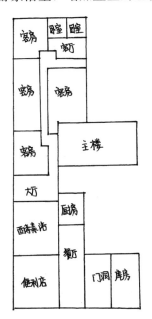

图 3-112　学生作业（7）
（图片来源：王茹绘）

在进行餐厨设计时，无论是在外观，还是门头、店门、店内都尽可能做到细致入微，该餐厅的平面布置将接待处和散座区联系起来，这样可以更好地安排顾客和餐厅人流导向，散座区的餐桌合理布局可以合理疏通人流量。利用声、形、色等技巧，充分展现整体设计意图，最大限度吸引客人来店或入店，辅以各种待客技巧，实现客人消费。设计中将地方乡镇元素与传统的中式元素有机结合起来，设计出了一个符合大多数人审美特点及生活习惯的空间环境，且将餐厅与厨房融合在一起，减少人流交错。

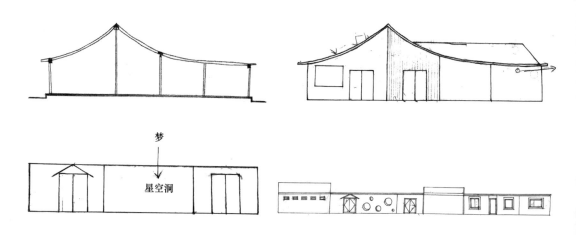

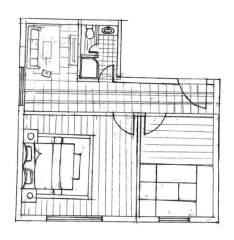

图 3-113 学生作业（8）

（图片来源：王茹绘）

教师点评：

该学生能以增加业主的经济收入为前提进行设计，考虑到将中国的地方乡镇元素与传统的中式元素有机结合，使餐厅与厨房新颖地融合在一起，对该建筑起到避免与住宿人流交叉的作用。

（3）谷思瑶二草阶段设计过程

总平面图进行了进一步的深化，将拟建工程四周一定范围内的新建、拟建、原有和拆除的建筑物、构筑物连同其周围的地形地物状况、建筑周围景观全部表达出来，建筑的绿化也十分重要，可以降低建筑物周围微环境的温度，提高空气相对湿度，改善空气品质，降低噪声危害，从而延长建筑物通过自然通风降温的时间。

二草设计应在一草的平面功能分区和流线已确定的基础上，细化用餐区、加工区和工作区等部分。加工区与库房、餐厅与露台等联系密切的区域交错穿插，使食客能够在建筑空间中获得更好的空间体验感。餐饮店对市场定位的不同，所服务的消费群体也会有所不同，因此餐饮装修设计对功能设计的适用性也是不同，设计适用性就是要求功能必须要满足不同顾客的需求，需要适合不同顾客的使用，同时也要方便餐饮店的经营管理。

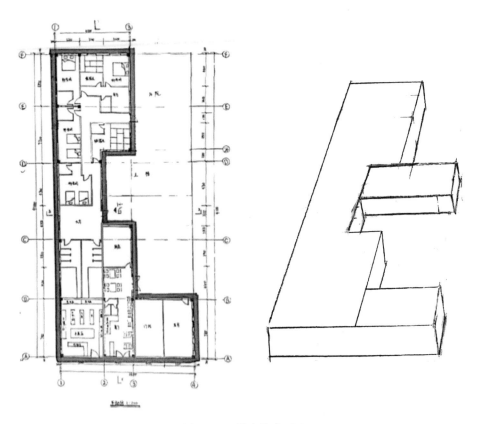

图 3-114　学生作业（9）

（图片来源：王茹绘）

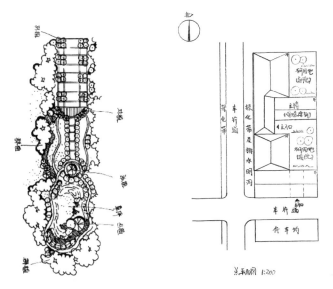

图 3-115　学生作业（10）

（图片来源：谷思瑶绘）

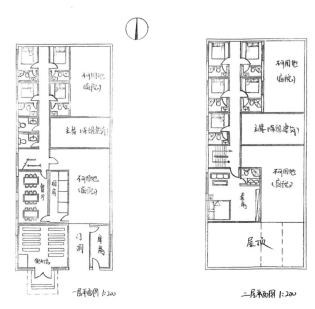

图 3-116 学生作业（11）

（图片来源：谷思瑶绘）

　　建筑立面是指建筑和建筑的外部空间直接接触的界面，以及其展现出来的形象和构成的方式，或称建筑内外空间界面处的构件及其组合方式的统称。此建筑因为是局部二层的设计，建筑立面错落有致、高低起伏，显得不那么单调。南立面的门洞也使建筑立面有一点虚实对比，既强调了此处的入口，也增添了美感。

图 3-117 学生作业（12）

（图片来源：谷思瑶绘）

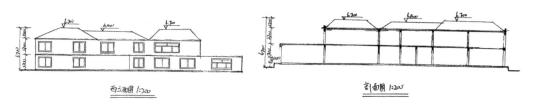

图 3-118 学生作业（13）

（图片来源：谷思瑶绘）

教师点评：

该学生能在建筑整体形态设计中采用不同体块的穿插为食客带来更好的视觉体验，同时也与周边的建筑与自然环境相呼应。

4. 方案深入设计（三草阶段）

1）方案深入设计深度要求及注意要点

（1）细化平面设计

① 标注开间轴线尺寸和总尺寸，共 2 道尺寸（注意符合建筑模数）。对照任务书的各个空间（或者房间）面积要求，反复修改尺寸，注意把房间的大小设置在允许的范围内，自由空间（含走道、过厅等）的面积控制，总建筑面积不要超过任务书的要求。

② 标注各个房间的开门与开窗。在开窗设计时，首先要注意不同房间的采光基本要求，面积大小合适，窗间墙大小符合施工要求；第二要注意兼顾立面，建筑 4 个立面，开窗要兼顾与外墙的虚实关系；第三要注意西晒、节能和景观的要求，为了兼顾这些方面，一个房间可以开两个方向的窗。开门设计时第一是注意开启位置，一个房间一般有一个以上可开门的位置，选位置时注意人的交通流线和家具布置的配合，不要交叉和过多穿越；第二是确定开启方向，选择内开、外开或者直接设计为洞口；第三是选择门的类型，可以选择推拉、双扇门以及旋转门等。

③ 落实必要的标注项目，包括各类房间名称、各个面的标高、指北针、剖切符号以及一些台阶、楼梯、踏步、无障碍坡道等。

④ 加强技术设计，技术设计的重点是柱网的合理分布，上下柱子是否对齐，墙体与柱子布置是否受力合理，楼梯的跑长和休息平台宽度是否满足规范，过道宽度、楼梯口净高是否满足规范，特别是做建筑层高有变化的空间组合，长跑楼梯的平台与框架结构梁的净高问题要特别关注。

⑤ 草布主要房间家具。主要包括餐厅的布置、厨房的布置、后勤办公以及卫生间的设施布置。对于非家具的一些隔断、入口门厅等线条示意位置即可。

⑥ 屋顶的表达尤其注意。对于坡屋面，注意找坡的方向和屋脊线，出挑部分可以在中间用虚线勾画墙体线以显示出挑的距离和位置。对于平屋顶，要通过标高来反映位置关系，表达一些高差线，漏空的要用正确的设计表达手段示意。

（2）深化立面设计

① 对于立面，首先要确定造型设计的风格。在这个立意上，选择合适的体量。对于主立面，即入口的立面，要注意有视觉的"焦点"，无论是位置还是符号。立面和平面投影要基本对应，不能全部是直接投影，要重新进行构图设计。对于需要增加的构图元素，可以反过来在平面图中追加，有时候是一面墙或者出挑的窗套，或许是一些壁柱，设置一些装饰假柱或者假梁。因为是公共建筑，功能比较多样，所以不会存在类似住宅建筑两侧山墙为镜像关系的立面，应绘制 3 个以上的立面才能完全表达空间关系。

② 围绕造型设计风格立意，选择表现手法和技术策略，寻找形成或者反映这种风格的构图元素或者母题。一般来讲，一种风格的形成，首先是体量上的比例关系，主要包括是否对称构图、平屋面还是坡屋面、屋顶形式等。其次是一些特殊符号和构成母题，如欧式风格常常有山花、叠涩、列柱、券拱，有圆券带券心石的，有的还有壁炉、尖塔、阁楼

等，再如川西北民居风格有高低错落的坡屋面、穿斗式山墙、挑檐、悬窗等构件，还有如藏族民居就有碎石外墙、特殊窗套构造和梯形窗的形状特点等。最后是这种风格的一些装饰构件和装饰符号。例如，彝族建筑的竹节、牛头，欧式建筑的浮雕，纳西族的白描线条等。中国徽派民居的封火山墙，印度建筑的马蹄券、覆莲、仰莲等。

③ 完善立面标注。一般方案两道尺寸，室内外高差、层高、屋顶距楼面作为第一道尺寸，地面到最高处的总尺寸作为最外面的第二道尺寸。在特殊的部位标注标高。用形象的绘图表现出外墙的材质或者直接文字注明。

④ 对于建筑主要的线条或者轮廓线，可以用粗线走一道，使图形更精神，包括反映地平线的粗实线。对于坡地，将地形一并反映，用场地的纵断面图来表达空间关系。

⑤ 构图自审。包括立面的虚实关系、构图要素的比例关系以及构图的平衡。有些时候需要修改平面设计，例如有些长方阳台，投影面影响构图的比例，就可以将长阳台改成半弧形，立面就有多个投影，破一下构图。有时候需要加一些盲窗或者加一些窗套，甚至加一片山墙来调整立面构图。这需要长时间的多方案比较和斟酌。

⑥ 立面设计要注意形体关系，公共建筑功能复杂，体块分割比较零散，在完成平面设计的时候很难统一立面，导致建筑成了"功能堆积"体，没有整体构图，屋顶破碎，不易识别，设计时候应注意屋顶的形式统一、构架统一或者材料统一，塑造一个整体的易于识别的形象体。

（3）细化剖面设计

① 为了反映建筑的构造和空间关系，一般需要两个方向的剖面图。剖面图首先要反映正确的构造关系和投影关系。一是选择剖切位置，一般选择空间变化复杂、错落、出挑以及跃层等重要部位剖。二是注意用正确的材料图示语言表达构造关系，剖到的部位是实线、粗线，投影的部分是细线。

② 为了强调空间功能和效果，可以加一些人物剪影或生活场景在各个楼层分布图中。

③ 完善剖面标注。尺寸要求同立面标注。用形象的绘图表现出和地形与环境的关系。包括挡土墙、堡坎、地下室、湖面。

④ 剖面设计要注意兼顾结构的表达。譬如网架的剖面、肋梁楼盖以及其他结构形式所产生的构造关系，要反映结构美。

（4）基本完成总图的布置

① 对于公共建筑，在做总图设计时首先要保证有至少 2 个出入口。即使是车行入口和步行入口并在一起，也需要另外设置一个场地出入口（或称后门、侧门）。本次改造的是农村民房，现状为 1 个出入口。

② 在设置车行入口时，要保证转弯半径和回车场地尺寸要求，具体见建筑设计原理相关章节。要保证建筑外墙距离用地红线至少 2m 的间距。对于停车场设计，车辆出入口应有足够满足货车倒弯的场地（转弯半径一般为 9m），货车停车位置为 3m×8m，普通小型车停车位置 2.5m×6m。本次改造设计的停车场位于基地外侧单独设计。

③ 总图中布置的要素包括室外停车位、景观树以及室外休息桌椅，不能全是绿化和草地。布置内部交通时要设置环建筑或者半环建筑的步行道路，不小于 1.5m，使得从后门能直接走到前门。对于入口广场其具体大小要看建筑轮廓的大小，整合布局其形态，形

状需要构图设计。本次改造设计不涉及入口广场，分为前庭院和后庭院。

④ 总图要标注建筑的层数、表现屋顶形式、标注主次入口、简单计算用地的技术经济指标，包括用地面积、建筑面积、建筑密度、容积率、绿地率等。

（5）关于分析图和模型

① 做模型的主要目的是辅助设计，对建筑体块的虚实、大小进行推敲，从而选择出最合适的建筑形式。

② 模型要表现材质。一般建筑要么多样材质，要么单一材质。多材质适用于体块简单的建筑，通过运用色彩来完成设计，但不应超过 3 种。纯色调适用于体块复杂的建筑，通过运用单一材质统一立面设计，注意表现体块的穿插和体量的对比以及空间的虚实光影关系。

③ 模型是用来推敲设计，绝不是简单地照搬草图，通过不断探索修改建筑形体，加深对空间的理解。

④ 分析图纸要细化表达。一是完成图例的设置，引导读图；二是注意表达的生动性；三是文字和图的配合要适宜。

2）实例分析

（1）叶洪林三草阶段设计过程

通过前两次设计的思路，当方案进行到三草阶段时，进行了更加细节的深入。首先，对于庭院内部的布置，将其分为前院和后院。对于院落的铺装，主要采用的是青石板，再铺设草地和一定规模的绿植，除此之外，为了让食客和住户能感受到村庄独有的农家氛围，还在前院增设了部分农业用地供食客自由挑选，到农村独有的绿色市场品尝其独有风味，让住户和食客感受到自然风光和乡土人情。

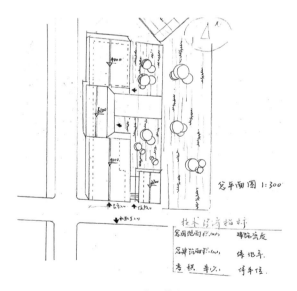

图 3-119 学生作业（14）
（图片来源：叶洪林绘）

对于建筑内部的建设，为了解决建筑内部的采光问题，首先在南部的入口处，增设了大面积的落地玻璃增加采光，并且在建筑的西侧同样也增设了大面积的玻璃窗户以替代墙体，既增加了客房的采光又丰富了建筑的元素，区别于传统一板一眼的建筑，增加其独特性。

餐饮区域内麻雀虽小五脏俱全，食材库—主副食品—配餐间空间分布和功能流线一应俱全，餐厅部分也满足了小群体游客和大群体食客的不同就餐空间，满足了不同人员的需求。

对于客房部分，床头的摆设主要以南北朝向摆放，并且设有电视机、床头柜、衣柜和洗浴间等主要的配置，二楼的套房多增设客厅部分，配有沙发设备，让住户感受到宾至如归。此外，对于活动区的布置，主要增设了吧台和大圆桌，给游客小酌放松和休闲聊天的空间。

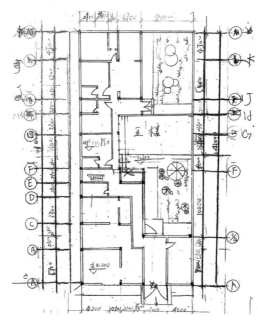

图 3-120　学生作业（15）
（图片来源：叶洪林绘）

对于建筑内部的装饰，为了符合周边环境现状和建筑外立面形态，主要的配色以原木色为主，建筑材料多以木质材料为主，体现暖色调，配以暖黄色的灯光和地毯，能使用户感受到温暖祥和的氛围。

教师点评：

该学生在一草、二草基础上修改深化，进行了更加细致的建筑内部设计，通过暖色主题使氛围符合餐饮建筑特色。

（2）王茹三草阶段设计过程

在三草设计阶段室内设计中，将东北乡镇淳朴、厚实的风格与现代的线条进行结合，给人一种古朴、舒适和力量的感觉，其风格设计的核心是突显东北乡镇的自然，并且不能太过张扬，必须要剔除一些夸张、繁复的元素。设计时了解了东北的地域特色及建筑特点，探寻当地的风俗习惯，掌握其喜庆元素和禁忌元素，避免在空间设计中触犯当地人的禁忌，然后对其历史进行了解，包括著名的历史人物、典故等，如锡伯文化等，也可以在店内悬挂一些有关的图像、故事卷轴等，引发顾客的回忆，而对于当地的民俗元素，比如说特色的民谣、手工等，可以在室内装修时融入其中。

在立面设计时，采用异形设计，将砖块堆叠，体现其设计材料，与当地附近石块堆叠相呼应，更符合乡镇特点，餐厅入口处利用方木条排列布置，利用淡雅色系，营造一种舒适放松的氛围。通过弧形坡屋面与平屋顶相结合，增加建筑的层次感。

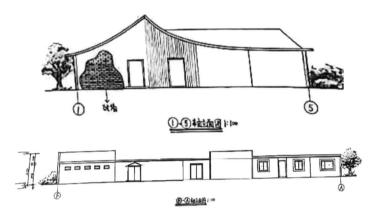

图 3-121　学生作业（16）

（图片来源：王茹绘）

在室内设计手绘时，调研并借鉴了网络案例风格。将现代风格与乡镇土炕相结合，打造出温馨舒适之感，让民宿有家的感觉，并在装修时，就地取材，重视人工与自然的和谐统一，诠释了个性、自由、舒适、随性的特点。

图 3-122　学生作业（17）

（图片来源：王茹绘）

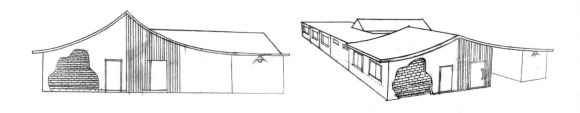

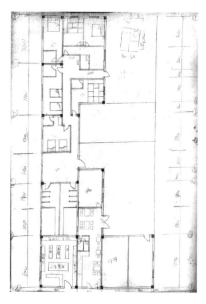

图 3-123　学生作业（17）

（图片来源：王茹绘）

教师点评：

该学生通过室内设计，将现代风格与乡镇土炕相结合，打造出温馨舒适之感，让该建筑符合餐饮及民宿的特点。

（3）谷思瑶三草阶段设计过程

经过反复的修改三草就是成图的样子，建筑草图是图解的深入，但是和成图相比，又是一个思考的过程和分析的思路。在设计的初期，设计师都有跳跃的思维和各种不确定性，而草图可以直接明了地表达出设计师的设计思路，草图也是设计初始阶段的设计雏形，以线为主，多是思考性质的，一般较潦草，多为记录设计的灵光与原始意念的，不追求效果和准确。草图可以帮助调整思路，及时地做出改正。

三草经过反复的修改，其中一层平面图从最初的便利店与餐厅是分隔的到修改为开放的，给客人提供了更加便利的服务，从便利店直接可以到餐厅就餐，餐厅与便利店直接隔而不断，视觉上扩大了空间，使空间变得更开阔。

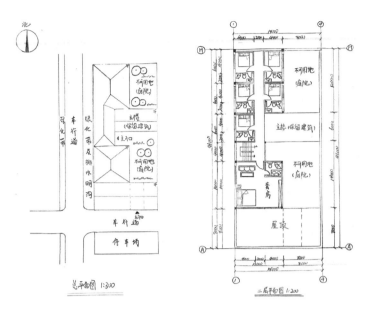

图 3-124　学生作业（18）

（图片来源：谷思瑶绘）

教师点评：

该学生经过反复地比较及修改，使空间变得更开阔，完善了理想的餐饮建筑使用空间设计。

5. 正图

设计正图是对第三次草图做少许必要的修改后，完成排版布图。

1）叶洪林正图阶段设计过程

关于本次的建筑设计将它命名为"稻居"，顾名思义便是将建筑与稻梦小镇特色相互融合，"居"的意思是让游客感受到宾至如归：食田园特色，卧山野星河。

在绘图部分，主要采用的是橙黄配以灰色的配色风格，带给人一种活泼生动的感觉，橙黄表示余晖同样也表示稻田成熟的收获之感，而通过灰色的搭配，给画面效果一种厚重之感，也同样暗示着锡伯族厚重长远的文化脉络和古村落建筑的恢弘之感。

建筑的材料采取于自然，最后依旧落于自然，本次设计的理念便是将建筑充分地融于自然，将建筑作为自然的部分，建筑伴随着稻田的低语，做着一场迷梦。

本次建筑设计融合了现代与传统、自然与人文，展现了独特的碰撞和奇妙的融合，同时也希望此次设计的建筑和理念，能带给稻梦小镇和游客住户属于他们的特殊符号。

教师点评：

该设计以庭院为中心，根据环境条件合理布局餐饮部分和民宿部分，使之做到分区明确、关系紧密。各个功能房间均有合理的朝向，餐饮空间完整，民宿空间视野开阔。新建建筑设计采用当地建筑类似的坡屋顶，使群体建筑的空间组合关系结合较好。内庭院周围走廊在交通节点处稍加造型变化，不但打破了走廊的单调冗长感，而且使内庭院空间尺度小巧，气氛温馨，创造了宜人的餐饮和民宿建筑环境气氛。该作业绘图严谨，建筑表现力强。过程草图娴熟，笔法奔放，反映该学生设计思维活跃，设计与表现的基本功扎实。

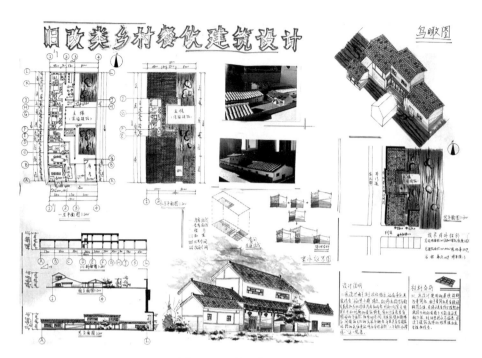

图 3-125　学生作业（19）
（图片来源：叶洪林绘）

2）王茹正图阶段设计过程

　　设计通过实地调研与任务书相结合，在原有地块上，设计与周边环境紧密联系的新建建筑。在推敲平面布局与形体设计时，考虑北方的气候特征，将屋顶设计为坡屋顶。设计围绕乡镇的独特优势与该地地域性特点，融入现代化元素，使设计的民宿在乡村氛围中更加焕然一新。在室内设计时充分强调原生态，将东北大炕设计其中，为游客提供独具东北特色的居住环境，增加游客乡村体验感。设计通过改造原有建筑，融入"稻梦小镇"风格，强化原生态的特质，使新建建筑更具特色，从而吸引游客。

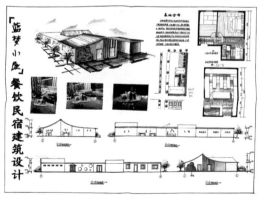
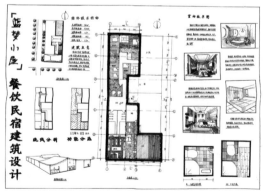

图 3-126　学生作业（20）
（图片来源：王茹绘）

教师点评：

该设计在总平面布局中与周边环境条件结合紧密，主入口设于沿街南向，并使庭院主轴线穿过门洞内部延伸到保留建筑南向入口处，有意使保留建筑成为改造后不可分割的一部分。西向根据功能不同分设 3 个体块，通过不同屋顶组合使沿街空间产生变化。新建建筑平面以 L 形布局，体量构成有章法。功能布局合理，流线短捷清晰，最大限度地获得较大面积且用地完整的内庭院，有利于就餐和住宿流线的灵活开展。内庭院景观方向明确，周边走道主次分明。该作业绘图严谨，图面完整，效果好。

3）谷思瑶正图阶段设计过程

正图着重于排版、上色、图面的洁净程度和正图的完整度等，三分画七分裱，再好的设计都需要展示出来。一个优秀的作品排版往往最直观展现设计者的审美和理念，使别人对作品有一个最鲜明牢固的印象和评判。

在排版设计中，构图非常重要，大概由元素的大小、粗细、色彩、位置以及字体的变化等方面来决定。具体来说，页面构图有对称型、斜置型、自由型、并列型、中轴型等，根据情况选择适合自己的排版。

上色采用的是彩铅，彩铅画相较油画和水彩更加方便，而且彩铅的表现力强，是许多画家钟爱的绘画工具。

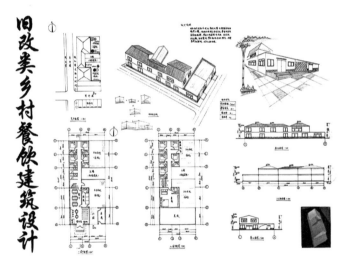

图 3-127 学生作业（21）

（图片来源：谷思瑶绘）

教师点评：

该设计从环境条件及保留建筑考虑，将主入口设于南向沿街，次入口设于东向门洞内，使就餐人员与住宿人员的两股人流互不影响，且在图底关系上建筑布局与西侧新建局部二层建筑和东侧保留一层建筑的对位关系把握较好。又通过疏散楼梯的位置与建筑中部二层对位以及形式进行处理，使该建筑与保留建筑轴线保持了有机的对话关系。新建主体建筑南北呈中间高两端低的组合，并沿街面向西侧，从而获得良好的空间变化，并使立面错落有致，而且在空间上与保留建筑形成一体，使改造部分新建建筑与原有保留建筑有机结合。该设计另一特色是在内院的空间处理上，利用保留建筑将内院空间形态划分为 2 个庭院，使空间层次丰富，内容多样。该设计平面功能分区合理，流线清晰，房间布局紧凑，造型高低错落，不但满足餐饮建筑功能要求，而且使建筑个性表达充分。该作业绘图严谨，色调清秀，建筑表现力强，功底扎实。反映该学生对正确的设计思维与设计方法领会较深，掌握得当，体现出了较高的个人的美学修养与设计素质。

3.4.4　旧改类建筑设计小结

本次旧改类乡镇餐饮建筑设计既锻炼了学生实地勘察测量既有建筑的方法，又增强了学生独立分析新旧建筑不同功能的设计能力，达到教学大纲对学生培养要求的目标。

通过深入的分析、科学的改造规划、巧妙的空间布局以及可持续的设计理念的应用，成功地打造出了既具有乡村特色又满足现代餐饮需求的乡镇餐饮空间。这不仅是对乡镇文化遗产的传承和发扬，也是推动乡镇旅游业和经济发展的重要举措。

第四章

设计过程优化及总结

■ 4.1 设计过程优化

■ 4.2 绿色建筑思维

■ 4.3 总结

4.1　设计过程优化

4.1.1　BIM——更新设计思维

1. 设计工具发展

建筑设计工具是建筑设计工作的重要支撑。如今互联网、云计算高性能终端机发展如火如荼，建筑师们已经开始利用技术发展进行了设计工具的革新。伴随着由传统孤立的平面设计工具升级到多维度、高度信息化的全新设计工具模式，设计工具也进行了前所未有的更新。这便是 BIM 技术在建筑设计中的引入和发展。本节意在通过对建筑设计新技术、新工具软件的介绍，开拓思维及开阔视野，提升学生们对数据化建筑设计的了解和兴趣。

建模　　　　　　　　Revit　　　　　　　　三维设计

图 4-1　设计工具发展的示意图

（图片来源：作者自绘）

BIM 是 Building Information Modeling（建筑信息模型）的缩写，目前已经在全球范围内得到业界的广泛认可，它可以帮助实现建筑信息的集成，从建筑的设计、施工、运行直至建筑全生命周期的终结。各种信息始终整合于一个三维模型信息数据库中，设计团队、施工单位、设施运营部门和业主等各方人员可以基于 BIM 进行协同工作，有效提高工作效率、节省资源、降低成本，以实现可持续发展。

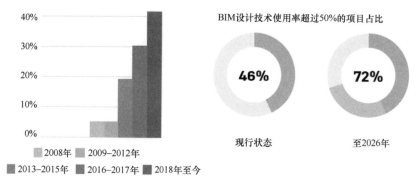

图 4-2　BIM 应用程度概览

（图片来源：Dodga Data and Analytics 官方数据）

目前，主流 BIM 设计软件包括 Autodesk-Revit、Bentley-Microstation、Graphisoft-

ArchiCAD 等，在三维可视化、参数化、设计协同、参数信息意义、多接口等功能范畴上极大支持了 BIM 正向设计要求，目前也被行业广泛利用。

2. 设计思维变化

传统工具的变革必然带来设计思维的变化。原有基于 AutoCAD 平台孤立的低维度的设计习惯和思维已经难以满足 BIM 设计技术的要求。现代化建筑师必须建立协同设计的设计实施过程概念以及设计不仅仅是三维尺寸信息，还是包含伴随建筑全生命周期的诸如材质、成本、时间等多维度、动态化数据模型的工作理念。

在 BIM 设计协同实施过程中，通过实时更新上传项目，使得多专业的配合变得前所未有的高效，并且能够大幅度地减少图纸交圈产生的工程设计反复和拆除修改，进而提升设计效率和成果实施的经济性，在时间和资金成本控制上都越来越显现其优势了。

并且，多维度的信息录入可以真正实现一套模型，从项目立项设计到施工进场实施、采购、施工组织，再到竣工交付、物业运维、建筑达到使用寿命进行拆除。进行全生命周期的使用，而且在使用过程中除了体现直观高效的特点外，还具备完善的数据统计管理的功能。

综上所述，当今建筑设计教育应更加注重对新设计思维的启发和建立，即 BIM 带来的新思维的培养。

4.1.2　BIM 正向设计与优化

1. BIM 正向设计

BIM 正向设计的概念是相对于逆向提出的。由于目前 BIM 在设计阶段完成模型搭建工作的一般做法是根据已有的二维施工图图纸进行翻模，并且设计阶段最核心的内容包括各专业指标计算、性能计算、创意、推演、合规等，均在尚未借助 BIM 技术的情况下就已经完成。

正向设计流程。在正向设计过程中，BIM 模型创建的依据是设计者的设计意图而非成品或半成品的图纸。从设计初期开始，设计者就以三维设计软件为主要设计手段，在模型中创建包含项目相关信息的构件，在后续方案的对接、展示、成果交付等阶段均以 BIM 模型为主要载体，不断丰富和优化 BIM 模型。准确地说，从规划、方案设计、扩初设计，一直到施工图设计、深化设计、施工技术交底等阶段，都采用 BIM 进行设计的过程称之为 BIM 正向设计。

2. BIM 优化方案

建筑方案设计究其本质应该是一个想法（idea）或规划（plan）形成并且不断优化的过程，信息的产生收集和处理以及时间和成本都是制约这个过程的核心要素。利用 BIM 技术进行方案设计和优化是对新设计思维的具体应用。首先应该了解 BIM 工具的特点，即模拟性、优化性、可视化性、协调性，以及可联动数据关联。合理利用 BIM 技术的上述特性，恰当地应用到设计任务中，以此来获得设计优化、效率提升，以及成本节约的效果。

1）提升设计效率和效果

BIM 设计技术一个最直观的特征就是它强化了设计信息的协调性，即建立中心文件平台的概念，项目设计成员会实时将个人的工作进度或成果意见等信息反映在中心文件平台上，这有助于团队协作共同完成一个项目。节约了大量设计工作协调交圈和核对的时间，并且明显降低了因多人成组完成项目时产生的错漏碰缺问题。

利用 BIM 技术的可视化性，能够更为直观地将设计成果的多维效果进行展示，用于方案比选、室内空间尺度评价、管线设计等工作范畴，大大提高了工作效率和效果。另外，在 BIM 项目模型中进行立面、剖面、节点提取也更为自由，结合可视化性能够形成更为高效的图纸表现体验。

因主流 BIM 设计软件均具备可联动的数据关联特性，因此所有在原有二维设计平台的设计工作所面临的如修改了平面，其他的立面图、剖面图、节点详图、三维透视图等一系列手动跟进修改的问题将不复存在。因为设计的主体是三维模型，所有的修改都会实时联动调整。这便节约了大量的修改时间，提升工作效率的同时，也杜绝了因手动跟进修改所造成的错误问题，提高了成果的准确性。

建筑设计的全生命周期概念大家已经不再陌生，新一代建筑师在建筑设计工作中必须更为全面地在建筑全生命周期范畴内进行了解和把控。建筑师从建筑策划、方案设计、施工图技术设计、交付施工后技术服务、竣工验收服务、交付建设方或物业进行运维后的技术服务直至建筑寿终拆除的技术指导等工作，伴随建筑的起承转结。这是一个动态变化和优化的过程，其间也需要大量的建筑设计图纸信息，但是应用 BIM 技术所形成的模型文件，能完美地通过不同时期的信息录入归档，及时准确地反映建筑每一时段的真实情况，用以优化修改、技术指导、估算成本、运维控制等一系列相关内容，做到了模型与真实建筑共同成长的效果，大大减少了文件数量，节约了成本，提高了效率。

2）餐饮建筑设计中的优化途径

BIM 建筑设计技术的另外一个主要的特性就是模拟性。主流 BIM 设计软件都内含强大的模拟功能，并且能够相对流畅地通过共通接口来链接各种专业模拟工作软件，完成更为细致具体的模拟工作。而这些模拟工作的成果将是建筑设计进行优化的重要支撑材料和检测标准。

（1）可视化漫游模拟

随着建筑设计工具由二维向更多维度拓展，设计方案的即时漫游模拟也使得建筑设计的过程及成果更为直观。一般在实际项目中，BIM 技术的可视化漫游模拟特性正在被广泛应用。在设计汇报工作中，为业主提供了直观具体的设计成果展示，帮助业主、建设方等非专业人士更高效地了解设计意图；在技术设计及施工过程中，针对重难点施工段、管线复杂交会段，都可以更准确地协助设计及施工方案的确定和修改。不仅提高了工作效率，还提升了项目的经济性。

对建筑学专业的学生来说，多维度的可视化又有着更多的意义。利用 BIM 的可视化特性能够很好地在方案设计过程中进行空间尺度、构件尺寸、穿插关系等几何尺度的辅助把控，更好地辅助学生进行设计方案可行性的自我评估。

（2）环境模拟分析

由于 BIM 技术存在着三维物理尺寸和多维度的信息录入的特点，因此比照传统的建筑设计手段，设计成果的模型具有更为仿真的特点。如砌块、保温材料、面层、结构构件及装饰构件的材料、颜色、质地、规格、质量，以及声音、光性能和热工性能等，都趋向对真实建筑进行模拟。因此，可以利用这一特征进行更为还原真实的环境模拟分析以支撑建筑方案的准确性。诸如 ladybug、绿建斯维尔等一系列软件都能够比较完整且成体系地进行相关环境模拟分析。

分析工具软件

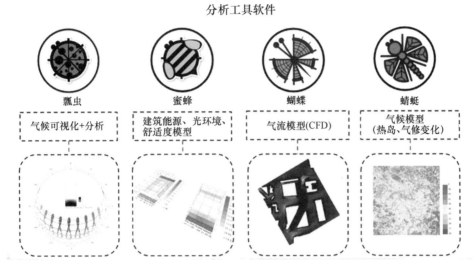

图 4-3　基于 BIM 技术平台的环境模拟分析体系
（图片来源：Ladybug 软件截图）

① 光照分析

根据不同地理位置所对应的全年的日照情况来模拟自然光线与建筑内部、外部空间的相互关系和作用。用以辅助建筑设计中的室内外的自然光照情况。根据光照模拟分析可以针对空间特点和功能进行自然光线的引入或者遮挡处理。对于餐饮建筑来说合理的自然光照条件不仅能增加就餐区域的舒适度，同时也能减少白天人工照明所需的电能消耗，是节能环保绿色设计的重要环节。

② 风环境分析

根据项目的地理位置所对应的季风信息对项目建成后真实的季风情况进行模拟。尤其对于乡镇地域的建筑群，通过模拟风环境，调整建筑单体的位置，合理规避冬季盛行的北风，在夏季对新鲜空气进行引入，提升整个建筑群的外部环境舒适度。

③ 热性能分析

建筑的热性能是与建筑使用者关系最密切、最直观、关注度最高的一项性能特征。主要表示了建筑内部抵御外部环境温度的能力。尤其在冬冷夏热的北方，这种性能特征的重要性更为显著。通过 BIM 模型的建筑围护结构的材料及热工性能可以进行准确的能耗分析。根据分析来进行建筑方位布置、墙体及屋面构造设计、门窗洞口开启设置等内容来获得舒适的被动室内环境。同时，热性能分析还可以协助建筑主动式环境处理手段的设计，如暖气、空调、风幕等设备的位置、性能等内容。通过热性能分析后对设计的建筑进行能耗评价，对绿色建筑设计的又一项重要内容进行了高效、充分的辅助。

BIM 设计技术在整个建设项目的全生命周期中均可以起到非常重要的辅助作用。所以，除了建筑设计工作之外，在项目实施过程中施工组织模拟和方案制定、管线路由布置和控制模拟分析、使用方进行项目运维管理，甚至是到项目拆除方案的评估等环节，BIM建筑设计技术仍然扮演着高效准确的辅助工具的角色。

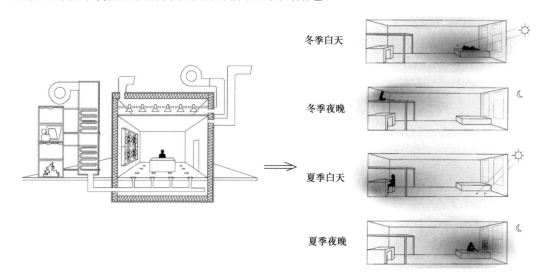

图 4-4　室内舒适度分析
（图片来源：学生自绘）

3. 常用 BIM 软件应用案例

《渊空间》BIM 技术在高校建筑学毕业设计中的综合应用与创新——海口市博物馆项目设计，是 2021 年全国高校 BIM 设计创新大赛一等奖作品。

图 4-5　项目三维漫游
（图片来源：学生自绘）

项目强调了在复杂空间建筑设计工作与利用中，BIM 技术进行辅助的功能和效果，同时，体现了对建筑全生命周期的设计视野。在建筑方案设计初期，进行了技术性的设计工作可行性分析，最终确定了利用数据化的设计思维开展。

在方案设计过程中充分利用了 BIM 技术的可视化优势，针对复杂的建筑内部和外部空间进行了充分的空间形态分析。因为对所有参与设计的构建进行了参数化的控制，所以利用构建的 BIM 模型可以进行近乎真实的空间感受评价，合理高效地辅助设计工作。利用 BIM 的数据化模型还可以辅以公式进行大量复杂计算，如停车位排布及合理化调整、设备优化综合等。极大地把设计人员从机械化劳动中解救出来的同时，可以投入更多的精力关注方案本身。

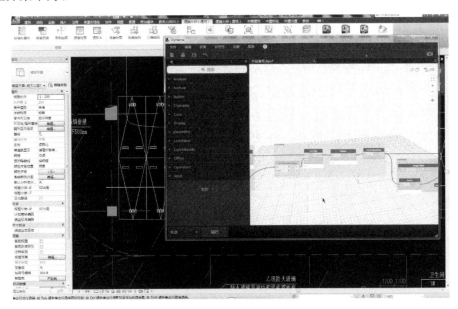

图 4-6 利用 dynamo 编程进行车位初排方案
（图片来源：学生自绘）

在方案优化过程中，利用已经形成的三维 BIM 模型进行碰撞检查。发现难以实施和不满足空间功能的部位并进行优化处理，极大地提高了方案设计的精准程度。

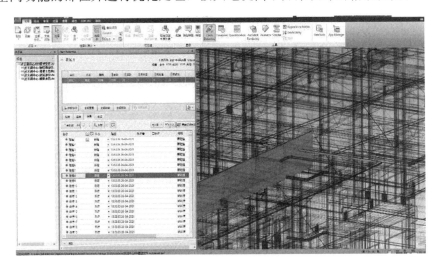

图 4-7 设计碰撞检查
（图片来源：学生自绘）

    同时，利用了 BIM 参数化的优势进行内部和外部环境的模拟，对建筑光环境、声环境、风环境、能耗情况进行了真实模拟，摆脱了传统设计手段的繁冗工作量，而且具备非常好的修改联动作用，便于修改调整。同时又有着更高的精度和更为趋近真实使用工况的模拟效果。非常高效地对建筑物理环境舒适度进行了优化，同时对建筑绿色节能的把控也更为直观具体且有的放矢。

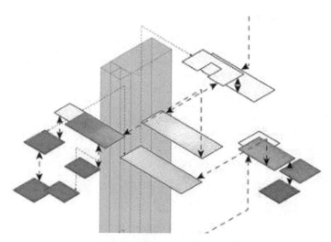

图 4-8　室内能耗分析
（图片来源：学生自绘）

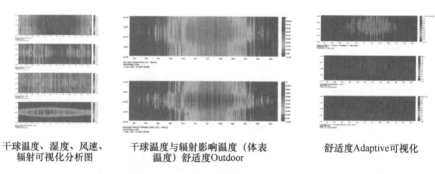

干球温度、湿度、风速、　　　干球温度与辐射影响温度（体表　　　舒适度Adaptive可视化
辐射可视化分析图　　　　　　温度）舒适度Outdoor

图 4-9　舒适度分析
（图片来源：学生自绘）

    在方案实施过程中，利用 BIM 参数化优势可以非常准确快捷地进行工程量模拟计算，协助业主及施工单位进行成本核算工作。在进场施工后，BIM 信息化模型仍然可以继续进行施工组织的设计工作。合理进行工期控制、施工界面设置、材料进场顺序、质量监督等一系列精细化管理，助力项目顺利实施。

    针对一些复杂的施工难点地段，BIM 信息化设计也能很好地进行施工指导。利用 Revit 模型进行设计细节的观察，更为直观阐述设计人员的设计思路。让设计单位、施工单位和业主能够更直接、更高效地交流。

    由于 BIM 参数化的介入，整个项目设计呈现了高效的状态。不仅可以快速准确辅助设计，工作也更加科学合理。在多专业沟通、优化修改、项目实施方面还具备了非常快捷

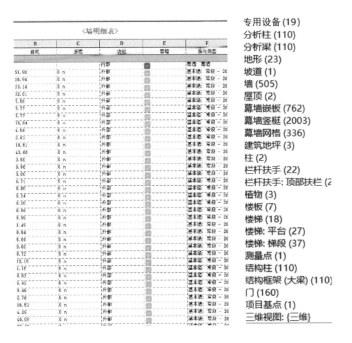

图 4-10 项目工程量计算
（图片来源：学生自绘）

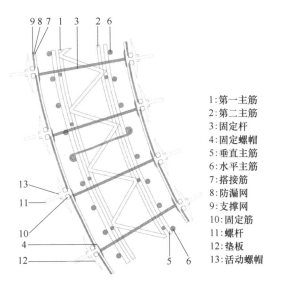

1:第一主筋
2:第二主筋
3:固定杆
4:固定螺帽
5:垂直主筋
6:水平主筋
7:搭接筋
8:防漏网
9:支撑网
10:固定筋
11:螺杆
12:垫板
13:活动螺帽

图 4-11 Revit 模型截取的复合墙板钢筋排布
（图片来源：学生自绘）

有效的管理手段。

4.1.3 小结

BIM 在设计过程中均能展现极强辅助作用和辅助效率，应当在设计过程中充分利用。

建筑学低年级同学应该通过对前沿设计方法、技术的认识和了解，为后续课程中该技术的参与、融入起到铺垫作用。同时在接触高效的计算机辅助设计软件的过程中，要时刻明确设计主体与设计工具之间的关系，更好地利用 BIM 这个工具，更新设计思路、优化设计内容、提高设计效率以及设计成果的质量。

4.2　绿 色 建 筑 思 维

4.2.1　碳达峰与碳中和背景下的建筑设计

近些年来，我国一直高度关注气候变化对国家和社会的影响，并积极推进碳减排的工作。2020 年正式提出 2030 年前碳达峰、2060 年前碳中和的战略目标，2021 年政府工作报告和"十四五"规划中均提出要制定 2030 年前碳达峰行动方案，锚定努力争取 2060 年前实现碳中和。

工业、建筑、交通是产生碳排放的三大重点领域。随着我国提出"3060 双碳"目标，建筑业的减碳已成为我国实现碳达峰、碳中和目标的关键一环。将建筑设计作为设计创新型城市建设的重要组成部分，着力提升建筑核心竞争力，促进建筑与人融合发展，已成为行业共识。

影响我国城市建筑碳达峰的主要因素：一是建设规模和建筑寿命，二是北方城市集中供暖的高碳和高能耗。如果按既有发展模式，我国城市建筑在 2030 年很难做到碳达峰。而在控制建设规模，供暖系统电气化和提升效率，实现建筑能耗限额设计等措施基础上，我国城市建筑在 2030 年将可实现碳达峰 21 亿吨，这一峰值比既有发展模式减少近 50%。城市建筑碳中和的 5 项基本措施，即超低能耗建筑，降低碳负荷；建筑电气化和提高能效；现场可再生能源利用；为高渗透率可变、可再生能源提供弹性；空气中碳捕集和碳利用。强调了城市开发建设的方式必须从粗放型外延式发展转向集约型内涵式发展，从增量建设逐步转向存量提质改造。

4.2.2　绿色建筑设计要点

当前经济社会发展越来越繁荣，碳达峰，碳中和政策的出台更是标志着时代正在走向绿色和可持续发展的道路。

1. 进行科学的选址

在进行建筑设计中，为了秉承生态环保的理念，需要进行科学选址，在进行建筑物闲置之前要进行前期的考察和勘探，通过充分地了解当地的气候条件以及地质环境，结合多种要素来进行绿色建筑的设计和规划。为了保证基础设施较为完善，应该选择交通便利的地区，而且应该保证建筑居民的生活便利性，避免在进行建筑设计时，破坏周边的自然环境以及生态环境。通过前期的考察，做好科学的选址，是秉承绿色建筑设立理念的首要前提。只有选址正确，才能使建筑设计更加符合居民的需求，不仅能够邻近公共交通工具，便利人们的出行，更重要的是与当地的气候条件等相一致，能够充分地运用地理环境以及周边资源，确保建筑设计更加安全、科学、合理。

图 4-12 稻梦小镇民宿
（图片来源：作者自摄）

2. 对建筑布局进行科学合理的设计

只有做好布局设计才能够充分地运用各种资源，使得环境要素得到有效的控制，尤其是保证建筑物能够随时接受光照，提高光射条件，避免在使用的过程当中有一些其他的能源，应该进一步优化建筑设计过程当中的功能区域分工，除了保证建筑设计更加舒适健康之外，还要确定周边的资源得到了有效的利用和开发，这就需要在进行建筑布局的过程当中能够结合能源和成本的消耗，进行科学合理的判断，尤其是对当地的风向、温度以及经纬度等，都要有明确了解，这样才能够使得建筑朝向更加符合能源的利用条件。另外，通过对建筑施工现场进行规划，可以利用一些已长成的树木和周边的各种建筑物，实现绿色建筑设计。建筑布局关乎今后的光照以及通风性，因此，为了把功能分区设置得更加科学合理，尽量保证符合当地的地形条件，使其能够充分地运用自然能量，如在进行建筑设计时，应该尽量减少对周边树木的砍伐，尽量保证周边环境不受破坏，并且使得建筑设计更加绿色。

3. 充分运用自然采光和自然通风

新型绿色建筑设计的基本概念就是低碳环保，因此，为了使得绿色建筑设计更加健康、舒适、环保、节能，应该选择一些自然光源，如光和风，通过运用自然光能够使人们的视觉感受更加舒适，还能够减少在建筑设计中所消耗的能源，因此，在建筑设计中应该坚持绿色设计的理念，充分地运用自然采光技术，如镜面的反光、金属的反光等。自然采光新技术的应用能够有效提高建筑设计的绿色环保性，而且使得建筑设计的采光和通风更加便捷自然。

4. 做好建筑节地设计

由于城市建设越来越多造成土地资源稀缺，为了充分利用土地资源，在建筑设计中应

图 4-13　清境民宿

（图片来源：作者自摄）

该进行建筑节地设计，这样才能够充分节省土地资源。对建筑进行科学合理的整体规划，如果建筑物所在地不平整，在进行设计时就可以将地下车库设计成半地下室车库，这样一方面减少了地下室的土方挖量，另一方面也能够确保建筑设计与周边环境保持一致，这样既能够充分地利用原有的土地资源，还能有效提高用地的容积率。

5. 做好节水设计

我国水资源分布不均，人均占有量不足，因此，在建筑设计中也应该秉承节水设计的理念，对水资源进行充分利用。因此，绿色设计中应该将地下水进行有效地环保处理并且再利用，能够有效减少水资源的浪费，这就需要在施工现场和生活区域设计出节水系统和工具，能够严格按照节水方案，对水源进行使用，避免出现浪费的现象，大大提高对水资源的利用率。总之，一定要综合考虑绿色建筑设计当中的水源利用状况，进行水源应用时，应该遵循循环再利用的原则，提高对水资源的重复利用率，避免水资源的无故浪费现象。施工人员在进行施工中要秉承水资源保护的原则，科学合理地运用水资源。

在建筑设计中，为了做到绿色建筑设计，应该进行科学选址和现场设计，同时对建筑布局一定要进行科学合理的规划，通过充分地运用自然光、风等自然资源，减少对能源的浪费，因此，在建筑设计时，一定要遵循绿色设计的原则。

4.2.3　乡镇餐饮建筑与绿色建筑设计

乡镇建筑设计在设计之初就应该把绿色建筑的设计理念应用在方案中，将绿色和环境元素融入现阶段的建筑设计中，综合考虑建筑科学选址，合理布局，自然采光和通风，节地、节水。基于绿色理念的建筑设计研究，使环境可持续发展与建筑设计可持续发展保持协调的步伐。

1. 科学的选址

首先，根据行业设计规范《饮食建筑设计标准》JGJ 64—2017 中的有关规定，餐饮建筑设计的选址应注意因地制宜，与当地的经济和技术发展水平相结合，符合安全卫生、环境保护、节地、节能、节水、节财的有关规定。

如辽宁省沈阳市中寺村的清境民宿，选址于棋盘山风景区，这里有得天独厚的山地资源和旅游风景区。选址在此处，符合饮食建筑用地选择的原则。

2. 合理的建筑布局

有了科学的选址，接下来的工作重点是建筑在场地内的合理布局。同样以清境民宿为例，民宿的主入口直面入村主要道路，前后都比较开阔，有利于建筑获得充足的采光，保证室内的亮度，从而在使用过程中减少对室内灯具的依赖。建筑已经使用了几年时间，周边的自然环境得到了很好的保护，绿树环绕，主入口对面是一大片的山坡绿植，周边还有猕猴桃采摘园。可以说这栋建筑的布局是比较符合绿色建筑原则的。

3. 充分利用自然通风、采光

在建筑选址和布局都已经计划妥当后，进入主体建筑设计阶段时，应充分考虑建筑要利用自然通风采光。这里涉及"被动式设计"概念。被动式建筑是适应气候特征和自然条件，保温隔热性能和气密性能更高的围护结构，采用高效新风热回收技术，最大限度地降低建筑供暖制冷需求，并充分利用可再生能源，以更少的能源消耗提供舒适室内环境的超低能耗绿色建筑。在"双碳"背景下，被动式设计对于建筑设计达成低耗能甚至是零耗能是非常重要的设计方法。总结起来被动式设计应注重以下几点

1）被动式设计包括具有高度密封外围护的建筑物，可防止外部空气渗透。

2）太阳能定向、保温和高性能窗户加起来都符合被动房标准。

3）与传统建筑相比，通过被动房认证的房屋在供暖和制冷方面使用的能源估计能减少 80%。

乡镇餐饮建筑因为处于环境好、碳汇作用积极的山地中因此在设计之初就更应有意识地结合具体方案做被动式设计。自然的微风、可操作的窗户、密封的外围护——这些只是在为任何项目寻找被动设计策略时需要考虑的几件事，在乡野之中作建筑设计就更应该着重考虑。

4）节约用地和节约用水

乡镇餐饮建筑设计中节约用地和节约用水同样是达到"双碳"目标的重要因素。乡镇餐饮建筑虽说是处于乡野之中，可以通过较低的容积率指标去控制建筑的环境，但也要注意节约用地。除此之外乡镇的市政管线与城市市政设施相比，更加原生态，取水用水也应注意能够做到应节尽节。在建筑设计上需要考虑的是，作为餐饮建筑，清洁用水与污水管线的合理布局，以及建筑设计雨水回收利用的策略。

4.2.4 将绿色建筑理念引入建筑设计中

1. 对围护结构的精细化设计

对于北方建筑的绿色建筑设计要点，首先体现在外围护结构的精细化设计。因为北方

冬夏两季温差较大,夏季炎热、冬季寒冷。建筑内部空间需要提供一个相对稳定的温度和湿度,从而让停留在室内的人们能够感到舒适。因此外围护结构的保温和节能成为绿色建筑设计的首要任务。

在建筑方案设计阶段就应该结合建筑使用具体功能思考墙体结构精细化设计,如墙体构造层次、保温铺贴方法等。

2. 对环境的精准控制

乡镇餐饮建筑对于环境的要求比城市餐厅更高,因为消费者来到乡镇就餐一定是为了体验更好的"绿水青山"。因此建筑与环境的和谐共生不仅是为了达到"双碳"目标,更多的是考虑人在建筑中的感受。因此,无论从选址和建筑布局还是具体的建筑设计营造过程中,对于基地环境的精准控制是十分重要的。特别是对于北方乡镇,"夏有凉风,冬有雪"独特地域特征应在建筑与环境的融合中得到充分考虑。

3. 营造高效节约的光环境

通过被动式设计,采用自然开窗的方式,让建筑能够"自主呼吸"。也就是尽量考虑自然的通风能够给建筑带来新鲜的空气和阳光。局部可利用点光源对需要提高照度的区域进行光照补充。这样以点带面的方式能够更好地节约能源,达到"双碳"目标。从沈阳市中寺村的清净民宿的厨房和餐厅的实景照片可以看到大面积的开窗把室外的光线最大限度地引入室内,局部操作台需要提高亮度的地方采用节能电灯进行补充。

图 4-14 照明设计案例
(图片来源:作者自摄)

4.3 总 结

在乡镇餐饮建筑设计过程中,除了要按基本的设计流程进行方案设计之外,作为一名合格的建筑师,还应对"设计过程优化"这一环节有充分的了解和把握。设计过程优化是在建筑设计过程中,建筑师利用先进的设计方法和设计工具,从经济、适用、绿色、美观、安全等方面考虑，为打造更趋于合理合规的建筑而进行的一项重要设计工作。建筑设计是一个动态的、复杂的过程，在建筑设计的全生命周期中，设计过程优化是建筑设计中一项较为重要的阶段，是建筑从概念生成到建成使用不可或缺的重要组成部分。

4.3.1 设计过程优化的背景及意义

1. 设计过程优化的背景

随着全球气候变化的不断升级，世界各国对全球气候变化逐渐重视，碳中和、碳达峰等一系列碳排放规划逐步落地。

近期以来，陆续出台《中共中央、国务院关于完整准确全面贯彻新发展理念做好碳达峰碳中和工作的意见》《国务院关于印发 2030 年前碳达峰行动方案的通知》（国发〔2021〕23 号）、《关于推动城乡建设绿色发展的意见》。这三份重要文件中，都明确了相同目标，到 2025 年，绿色低碳循环发展的经济体系初步形成，重点行业能源利用效率大幅提升，为实现碳达峰、碳中和奠定坚实基础。到 2030 年，经济社会发展全面绿色转型取得显著成效，重点耗能行业能源利用效率达到国际先进水平，二氧化碳排放量达到峰值并实现稳中有降。到 2060 年，绿色低碳循环发展的经济体系和清洁低碳安全高效的能源体系全面建立，能源利用效率达到国际先进水平，碳中和目标顺利实现。

"双碳"目标的提出，为我国绿色建筑的快速发展带来了巨大的机遇，也给乡镇餐饮建筑设计带来了新的思路和挑战。同时乡村振兴战略的大力实施，美丽乡镇建设的深入推进也对当今乡镇餐饮建筑设计提出了更高的要求。

在当今"双碳"的国家战略和乡村振兴战略背景下，未来建筑业一定会进行设计、生产、经营上的模式变革，创新推进新的节能减排技术和设计过程优化方法，这样才能在未来市场中持续发展。

2. 设计过程优化的意义

1) 设计过程优化的必然性

（1）设计工具的发展是设计过程优化的技术基础

在乡镇餐饮建筑设计过程中利用新技术、新方法进行设计过程优化有其必然性。回首建筑设计的发展历程，也是一部设计工具的演变历程。从早期传统手绘图纸、模型制作、雕塑等到今天利用各式各样的绘图工具和设计软件。设计工具和设计手段与方法的推陈出新为建筑设计过程优化进步提供了丰沃的土壤。可以说，设计工具的发展是设计过程优化的技术基础。工欲善其事必先利其器，设计工具作为建筑师的"器"对设计者的设计工作有着直接的作用。设计方案的优化与生成需要设计工具的参与，随着电脑的产生，信息化浪潮不可避免地带来了设计的形式、内容及其在设计工作中应用环节的改变，也推动了建筑设计工具的相应发展。

BIM 技术是目前建筑业高速发展的创新技术手段，近年来其在建筑设计的应用等方面十分普遍。BIM 技术可以运用在建筑设计的各个阶段，如在前期调研和任务分析阶段，将 GIS、BIM 和 AutoCAD Civil 3D 相结合生成"三维地形模块"进行模拟分析，便于调研分析和后续设计工作的顺利开展。在方案设计过程中通过能耗分析、日照分析、风热环境分析等模拟结果对建筑方案作相应的调整和优化。还可以在 BIM 参数化、可视化等技术的支持下进行多方案比选和优化等。同时 BIM 技术应对在"双碳"目标下的建筑行业的新需求，如碳排放计算、绿色建筑分析等方面均有较大作用。

（2）设计思维和方法的变化是设计过程优化的理论依据

设计思维指的是认知的、策略的、与实践的一系列过程，是一种以人为本的解决复杂问题的创新方法。设计思维在建筑设计过程和设计过程优化中运用探索式、创新性、综合性的设计思考与设计方式积极应对和发现问题、分析问题并合理解决问题，从而推动设计趋于完善。在乡镇餐饮建筑设计过程中建筑的设计手法本质上就是建筑设计思维的表达，设计思维和方法的变化与更新也为设计过程的优化提供理论依据。

2）设计过程优化的必要性

从建筑本身来看，在建筑设计的全生命周期中，设计过程优化是十分必要的环节，它是促进方案发展和形成的重要过程，是实现项目实施和落地的必要手段。而对于参与建筑设计的设计者来说，设计过程优化对其自身的设计素养的积累和设计能力的提升等方面也都十分有益。因此，积极开展建筑设计过程的优化工作具有重要的现实意义。

（1）促使设计方案更趋于可实现性

如果将建筑设计过程称之为过程，那建筑方案的形成和落地便可谓之结果。过程和结果的关系，首先是"结果"以"过程"为基础，其次是"过程"以"结果"为目的。对于建筑设计而言，建筑最终要以能够落成并得到合理使用才能发挥其最大的价值，所以作为建筑设计的设计者来说，其设计的方案也应以落成并使用为其根本目标。建筑设计从方案的产生到建筑的落成往往是一个十分漫长的过程，仅一项建筑设计就可能生成多个方案或者设计方向，如何从中选取最优解决办法或方向，并将设计方案朝着形成和落地发展，也是需要考验设计者和设计团队的主要问题。而只有通过设计过程优化，才能促进设计方案更趋于可实现性。

（2）促进设计能力逐步提升

乡镇餐饮建筑设计中的设计过程优化并非一般意义上的某一个阶段或环节的优化过程，而是伴随着整个建筑设计过程的优化。从本质上看，设计过程优化是一个发现问题、分析问题并解决问题的过程。这些过程和任务都需要设计者来统筹和把控。这些工作不仅考验设计者能否在设计的各个环节中及早发现问题，并通过合理的方法和技术手段去分析和正确解决这些问题，也能促使设计者自身设计能力和水平得到提升和优化。作为乡镇餐饮建筑设计的设计者，应从项目的实际出发，需要不断研究和探讨设计过程中遇到的各项问题，发掘任务的主要矛盾，找出关键的解决办法。通过合理地运用先进设计方法和设计工具以及技术手段，把握法律法规等政策文件，寻求设计过程优化的方法与路径。而设计者的设计能力和水平得到充分的提高和优化又能够促进其作为设计者在参与建筑设计中不断发挥自身能力，运用自身所学和丰富经验指导建筑方案的优化和生成。

4.3.2　设计过程优化的目标与原则

1. 设计过程优化的目标

乡镇餐饮建筑作为乡村振兴发展的时代产物，其存在意义源自乡镇振兴意识的不断提升，社会各界对设计成果的完成质量也相应地提出了更高要求。总的来说，设计过程优化的主要目标包括以下两方面：

1）对设计方法的优化

优化的首要目标主要是对设计方法的优化，通过理性的研究与分析，对不同类型的乡镇餐饮建筑设计过程进行归纳、整合及总结。加强设计过程中设计工具和设计软件的合理化利用，加强学生责任心和使命感，提升专业综合素养，提高设计小组的团队协作意识，提升设计效率、批判精神和创新意识等。

2）对设计质量的优化

优化的第二个目标同时也是改进设计方法的目的，通过对设计方法的更新与优化，使乡镇餐饮建筑设计的总体规划、平面布局、功能流线、造型特色等多方面设计质量和设计进度得到有效的提升，从而满足不同类型不同使用对象的需求，最终实现对建筑设计方案的优化。

2. 设计过程优化的原则

过程优化是设计阶段一项十分重要的内容之一，因此积极开展设计的优化工作具有重要意义。但是部分设计者在实际设计优化过程中使用的方法有偏差，这不仅不利于优化设计方案，还会影响设计进度和最终设计成果的实施。为此，在乡镇餐饮建筑设计优化过程中应遵循以下几点基本原则：

1）整体性原则

建筑设计过程是一个动态过程，但在具体的设计活动中，各阶段设计内容实际又呈现出循环反复、相互交织的状态。而设计过程的优化也不是简单、盲目地修改图纸，要具有统一的优化思路和优化方法。把乡镇餐饮建筑的设计优化过程作为一个整体的系统加以研究，可以使整个设计过程组成统一的整体，从而更好地指导设计，保障设计优化内容和设计方案的一致性、整体性。

2）适应性原则

不同类型和地区的餐饮建筑的设计条件差异性十分明显，而乡镇餐饮建筑较之传统意义上的餐饮建筑其地域性更为特殊，这就要求设计者在进行乡镇餐饮建筑设计过程中要对场地、环境、任务要求等保持高度的敏感性和敏锐的洞察力，并能灵活地运用现有的软件和设计工具等资源，对场地、地形、周边环境、道路、交通、日照、通风、绿化等进行分析，从而在设计过程中为优化设计提供帮助。

3）绿色设计原则

绿色设计、可持续发展、碳中和等问题是当前建筑行业十分热门的讨论话题，近几年国家又发布了一系列相关的政策及规范文件，如《绿色建筑评价标准》《绿色建筑创建行动方案》（国办发〔2013〕1号）《中共中央 国务院关于完整准确全面贯彻新发展理念做好碳达峰碳中和工作的意见》《建筑、卫生陶瓷行业节能降碳改造升级实施指南》《"十四五"建筑节能与绿色建筑发展规划》（以下简称《规划》）等。《规划》明确，到2025年，城镇新建建筑全面建成绿色建筑，建筑能源利用效率稳步提升，建筑用能结构逐步优化，建筑能耗和碳排放增长趋势得到有效控制，基本形成绿色、低碳、循环的建设发展方式，为城乡建设领域2030年前碳达峰奠定坚实基础。在此背景下，建筑行业各阶段及建筑设计优化过程同样应遵循绿色设计原则。乡镇餐饮建筑作为展示乡镇发展和绿色设计理念的重要窗口，肩负着向社会传递绿色、可持续发展理念的使命。因此，坚持绿色设计原则对于乡镇餐饮建筑设计优化过程而言是有百益而无一害的。设计者在设计优化过程中要关注绿色、节能、可持续发展等问题，合理运用现有设计工具和技术开展相关设计优化工作。

4）创新性原则

创新推动了建筑行业的进步与发展，在建筑设计发展的过程中产生了大量的新材料、新工艺、新技术、新思维、新方法，从中能够切身地体会到创新精神给人和社会带来的改变。建筑设计与"创新"一词联系紧密，创新是保障设计方案具有更高设计水平和效果的重要依据，也是建筑设计行业发展和增加核心竞争力的重要组成部分，同时还是设计师自身设计能力提升的重要手段。那么，在设计优化的过程中，具有一定的创新精神和创新性必然也能够对整个设计起到推动的作用。

5）技术性原则

一个建筑从方案设计到建成使用需要投入大量的人力、物力和财力，以及需要各个专业的相互配合。对于建筑学本科学生来说，要想成为一名合格的建筑师，除了本专业课程外，在学生阶段还需要学习很多其他专业的课程，如建筑结构、建筑设备、建筑材料、建筑技术等。需要学习和掌握的知识很多，同时还需要通过课程设计将原理知识应用到建筑设计中，更好地让理论联系实际并指导设计。在设计优化的过程中，合理地利用技术手段，能够有效地调整和完善设计方案中的不足，使设计更合理、更适用。在优化过程中加深对规范的理解和运用，能够有效地帮助梳理设计过程中的规范性、合理性、安全性等问题，对结构的优化能够使建筑的功能更趋于完善和可实现。还有很多设计工具和设计软件也能达到技术层面上设计过程优化的目的，如 BIM 正向设计，能够在设计的各个阶段通过模拟建筑的多专业，将设计中的各个专业的问题汇聚到一起，更快捷地检验设计的合理性。

6）艺术性原则

从建筑的发展史来看，建筑与艺术是共存的，建筑是综合的学科，是技术与艺术的融合。乡镇餐饮建筑设计优化的过程不光只有理性思考和设计内容，还应具有一定的艺术性。如在建筑立面优化设计中讲究形式美，在建筑造型优化中讲究比例尺度，在图纸表达优化过程中讲究构图、色彩、比例等，这些都是在艺术和美的基础上进行设计和设计优化过程。而优化的过程中设计者也同样能够及早借助设计工具制作手绘草图、手工模型抑或是通过软件建模方式，如常用的建筑建模软件 Revit、Sketchup 等，快速进行建筑造型、体块推敲、方案比较等，达到三维可视化效果和设计方案深化与优化的目的。

4.3.3 设计过程优化的展望

设计过程优化与建筑设计过程相互融合，密不可分，其过程贯穿于建筑设计全生命周期。设计过程优化需要在建筑设计过程中，时刻保持批判精神、创新意识，树立较强的责任心和使命感，努力提升职业素养和专业技能，灵活运用多种设计工具、先进技术和设计方法，逐步发现问题、分析问题并合理解决问题使设计逐步趋于设计成果的过程。

设计过程优化需从外在的规模、风格再到内在的设计内容都需根据具体特点和要求开展有针对性的设计优化，以寻求与场地、与环境的契合，对于设计差异性，需要尽可能全面、系统地考虑方法的构建，使优化方法具有一定的适应性与推进性。

　　通过优化既能指导设计方向、提高设计进度，又能促进设计成果转化与落实，同时也是设计师自身能力和设计水平不断提升的有效途径，在设计过程中通过不断审视自身的设计方法、方向、成果等问题，达到设计最终目标的实现。由此来看，在乡镇餐饮建筑设计过程中，设计过程优化是必不可少并行之有效的。

参 考 文 献

［1］ 中共中央，国务院．中共中央、国务院关于完整准确全面贯彻新发展理念做好碳达峰碳中和工作
的意见［R/OL］．（2021-10-24）［2023-04-02］．http：//www. gov. cn/zhengce/2021/10/24/content-
5644613. htm? eqid＝93eOce5b00000002646191c4.

［2］ 住房和城乡建设部．"十四五"建筑节能与绿色建筑发展规划［R/OL］．（2022-03-01）［2023-04-02］.
http：//www. gov. cn/zhengce/zhengceku/2022-03/12/content-5678698-htm.

［3］ 中国建筑学会．建筑设计资料集(第三版)第 5 分册　休闲娱乐・餐饮・旅馆・商业［M］．北京：中
国建筑工业出版社，2017.

［4］ 吴其华．餐饮哲学［M］．南京：江苏科技出版社，2013.